WERKSTATTBÜCHER
FÜR BETRIEBSBEAMTE, KONSTRUKTEURE UND FACHARBEITER
HERAUSGEGEBEN VON DR.-ING. H. HAAKE, HAMBURG

Jedes Heft 50—70 Seiten stark, mit zahlreichen Textabbildungen

Die **Werkstattbücher** behandeln das Gesamtgebiet der Werkstattstechnik in kurzen selbständigen Einzeldarstellungen; anerkannte Fachleute und tüchtige Praktiker bieten hier das Beste aus ihrem Arbeitsfeld, um ihre Fachgenossen schnell und gründlich in die Betriebspraxis einzuführen.

Die Werkstattbücher stehen wissenschaftlich und betriebstechnisch auf der Höhe, sind dabei aber im besten Sinne gemeinverständlich, so daß alle im Betrieb und auch im Büro Tätigen, vom vorwärtsstrebenden Facharbeiter bis zum leitenden Ingenieur, Nutzen aus ihnen ziehen können.

Indem die Sammlung so den Einzelnen zu fördern sucht, wird sie dem Betrieb als Ganzem nutzen und damit auch der deutschen technischen Arbeit im Wettbewerb der Völker.

Einteilung der bisher erschienenen Hefte nach Fachgebieten

I. Werkstoffe, Hilfsstoffe, Hilfsverfahren
Heft

Der Grauguß. 3. Aufl. Von Chr. Gilles	19
Einwandfreier Formguß. 3. Aufl. Von E. Kothny (Im Druck)	30
Stahl- und Temperguß. 3. Aufl. Von E. Kothny (Im Druck)	24
Die Baustähle für den Maschinen- und Fahrzeugbau. Von K. Krekeler	75
Die Werkzeugstähle. Von H. Herbers	50
Nichteisenmetalle I (Kupfer, Messing, Bronze, Rotguß). 3. Aufl. Von Hans Keller (Im Druck)	45
Nichteisenmetalle II (Leichtmetalle). 2. Aufl. Von R. Hinzmann	53
Härten und Vergüten des Stahles. 5. Aufl. Von H. Herbers	7
Die Praxis der Warmbehandlung des Stahles. 5. Aufl. Von P. Klostermann	8
Elektrowärme in der Eisen- und Metallindustrie. Von O. Wundram	69
Brennhärten. 2. Aufl. Von H. W. Grönegreß	89
Die Brennstoffe. Von E. Kothny	32
Öl im Betrieb. 2. Aufl. Von K. Krekeler	48
Farbspritzen. 2. Aufl. Von R. Klose (Im Druck)	49
Rezepte für die Werkstatt. 5. Aufl. Von F. Spitzer	9
Furniere—Sperrholz—Schichtholz I. Von J. Bittner	76
Furniere—Sperrholz—Schichtholz II. Von L. Klotz	77

II. Spangebende Formung

Die Zerspanbarkeit der Werkstoffe. 3. Aufl. Von K. Krekeler	61
Hartmetalle in der Werkstatt. Von F. W. Leier	62
Gewindeschneiden. 5. Aufl. Von O. M. Müller	1
Wechselräderberechnung für Drehbänke. 6. Aufl. Von E. Mayer	4
Bohren. 4. Aufl. Von J. Dinnebier	15
Senken und Reiben. 4. Aufl. Von J. Dinnebier (Im Druck)	16
Innenräumen. 3. Aufl. Von L. Knoll und A. Schatz (Im Druck)	26

(Fortsetzung 3. Umschlagseite)

WERKSTATTBÜCHER
FÜR BETRIEBSBEAMTE, KONSTRUKTEURE UND FACH-
ARBEITER. HERAUSGEBER DR.-ING. H. HAAKE, HAMBURG
===== HEFT 19 =====

Der Grauguß

Seine Herstellung, Zusammensetzung,
Eigenschaften und Verwendung

Von

Obering. Chr. Gilles †

Dritte, verbesserte Auflage
des bisher unter dem Titel „Das Gußeisen" erschienenen Heftes

(13.—18. Tausend)

Mit 35 Abbildungen im Text

Springer-Verlag
Berlin/Göttingen/Heidelberg
1950

ISBN-13: 978-3-540-01514-7 e-ISBN-13: 978-3-642-94576-2
DOI: 10.1007/978-3-642-94576-6

Inhaltsverzeichnis.

Seite

Vorwort 3

I. Begriff des Werkstoffes Grauguß 3

II. Das Gießereiroheisen und die übrigen Einsatzrohstoffe 4
   A. Allgemeines über die Roheisenherstellung (Roheisen. Koksroheisen. Die Eisenerze. Das Hochofenverfahren. Das Erzeugnis des Hochofens) 4
   B. Einteilung der Gießereiroheisen und ihre Analysen 5
   C. Sonstige Einsatzrohstoffe. (Gußbruch. Stahl- u. Stahlgußschrott. Ferrolegierungen. E.-K.-Pakete) 7

III. Die Zusammensetzung und Gattierung 9
   A. Einfluß der Eisenbegleiter. (Kohlenstoff. Silizium. Mangan. Phosphor. Schwefel. Sonstige Elemente) 9
   B. Die Zusammensetzung des Einsatzes (Gattierung) und des Schmelzerzeugnisses. (Zusammensetzung des Gußeisens. Zusammensetzung des Einsatzes. Beispiele) 10
   C. Zustands- und Gefügeschaubilder. (Allgemeines Eisenkohlenstoffschaubild. Graphitische Erstarrung. II. Kristallisation. Schaubild nach Maurer. Schaubild nach Greiner-Klingenstein) 13
   D. Erstarrungserscheinungen. (Das Schwinden. Das Lunkern. Das Seigern) . . . 16
   E. Die Anwendung der Metallographie. (Die einzelnen Gefügebildner. Allgemeines über die Herstellung der Schliffe und Entwicklung der Gefügebilder. Metallographie und Perlitguß) 17

IV. Das Schmelzen 22
   A. Der Gießereischachtofen 22
   B. Der Schmelzkoks und die Zuschläge 24
   C. Das Schmelzverfahren im Gießereischachtofen 25
   D. Sonstige Schmelzöfen. (Gießereiflammofen. Elektrische Schmelzöfen) 27

V. Formen und Gießen 29
   A. Formstoffe und Einrichtungen 29
   B. Die verschiedenen Formarten 30
   C. Maschinenformerei 32
   D. Dauerformen 32
   E. Schleuderguß 33
   F. Trockenöfen 34
   G. Einiges zum Aufbau der Formen und zum Gießen 35
   H. Gußputzerei 38

VI. Das Fertigerzeugnis 39
   A. Die verschiedenen Gußarten 39
   B. Eigenschaften und Prüfung. (Zugfestigkeit. Biegefestigkeit. Druckfestigkeit. Physikalische Werte. Chemische Widerstandsfähigkeit. Feuerbeständigkeit. Härte. Schliffbilder. Verschleißfestigkeit. Zerspanbarkeit. Schweiß- und Lötbarkeit. Maßhaltigkeit der Gußstücke) 40
   C. Warmbehandlung des Fertigerzeugnisses 47
   D. Konstruktions- und Anwendungsfragen 48

Alle Rechte, insbesondere das der Übersetzung in fremde Sprachen, vorbehalten.

Vorwort.

Die erste Auflage des vorliegenden Buches wurde von Joh. Mehrtens bearbeitet. Der Titel hieß „Gußeisen", der auch in der zweiten [1], von Chr. Gilles gänzlich neu bearbeiteten Auflage beibehalten wurde. Der dritten Auflage gab dieser Verfasser in Anpassung an die vom Deutschen Normenausschuß für graues Gußeisen gewählte Bezeichnung den Titel „Der Grauguß". Das Erscheinen der neuen Auflage, bei der ihm Baurat Dr.-Ing. Albert Achenbach geholfen hatte, haben beide Bearbeiter nicht mehr erlebt. Gilles ist am 14. Januar 1944 und auch Achenbach ist noch im Kriege gestorben. Vor der Drucklegung hat nun Herr Professor Dr.-Ing. habil. E. Piwowarsky, Direktor des Gießerei-Institutes der Technischen Hochschule Aachen, das Manuskript noch freundlichst durchgesehen, wofür ihm ganz besonders gedankt sei. Die von ihm vorgeschlagenen Verbesserungen sind vom Herausgeber eingefügt worden.

Dieses Heft soll als Leitfaden dem vorwärts strebenden Former und Meister, wie auch dem jungen Gießereitechniker und Ingenieur Fingerzeige für die einzelnen Arbeitsvorgänge im Betrieb geben und dem Konstrukteur das nötige Verständnis für die Eigenheiten der Graugußerzeugung und des Werkstoffs selbst vermitteln [2].

I. Begriff des Werkstoffs Grauguß.

Grauguß, auch Gußeisen genannt, ist ein Eisenwerkstoff mit meist mehr als 1,7% Kohlenstoff, von dem ein größerer Teil im Gefüge als Graphit vorhanden ist, der dem Bruch eine hell- bis dunkelgraue Farbe gibt [3]. Im Grauguß bildet also der Kohlenstoff (C) einen führenden Bestandteil und weiterhin reihen sich die Elemente Silizium (Si), Mangan (Mn), Phosphor (P) und Schwefel (S) an.

In grober Aufteilung mit Aufreihung der Legierungselemente nach ihrer Bedeutung ergibt die chemische Zusammensetzung von Grauguß angenähert folgendes Bild:

$$93\% \text{ Fe} + 3,3\% \text{ C} + 2,2\% \text{ Si} + 0,8\% \text{ Mn} + 0,6\% \text{ P} + 0,1\% \text{ S} = 100\%.$$

Der hohe Kohlenstoffgehalt verursacht die leichte Schmelzbarkeit und Vergießbarkeit von Grauguß zu Gebrauchsgegenständen der Technik und des täglichen Bedarfs von den kleinsten Teilen bis zu Stückgewichten von vielen Tonnen.

---

[1] Die erste Auflage ist 1925, die zweite 1936 erschienen.

[2] Als Ergänzung zu diesem Heft seien folgende Werkstattbücher genannt: Der Gießerei-Schachtofen von Mehrtens, Heft 10; Einwandfreier Formguß von Kothny, Heft 30; Holzmodellbau von Löwer, Heft 14 und 17; Modellplattenherstellung von Brobeck, Heft 37; Fachkunde für den Modellbau von Kadlec, Heft 72; Handformerei von Naumann, Heft 70; Maschinenformerei von Lohse-Allendorf, Heft 66; Formsandaufbereitung und Gußputzerei von Lohse, Heft 68.

[3] Diese Begriffsbestimmung ist dem Normblatt DIN 1691 „Grauguß, unlegiert oder niedrig legiert", entnommen. Dort findet man weitere grundlegende Angaben, wie: Beschaffenheit der Gußstücke; Form, Abmessungen und Gewichte; Güteklassen (normaler Grauguß, hochwertiger Grauguß, Sondergrauguß, Grauguß mit besonderen magnetischen Eigenschaften); Prüfung der Festigkeitseigenschaften.

Die größte Eigentümlichkeit und das nie auszuschöpfende Rätsel der Gußgußlegierung besteht darin, daß die neben dem metallischen Eisen vorhandenen Elemente, die sogenannten „*Eisenbegleiter*", trotz ihres mengenmäßig geringen Anteils von nur etwa 7 Hundertteilen, auf die Gefügebildung und Gütebeschaffenheit des Gusses den entscheidenden Einfluß ausüben.

II. Das Gießereiroheisen und die übrigen Einsatzrohstoffe.

A. Allgemeines über die Roheisenherstellung.

Roheisen wird als „*Eisen erster Schmelzung*" in Hochöfen — das sind Gebläseschachtöfen — mit Hilfe des Kohlenstoffs der glühenden Brennstoffe — Holzkohle bzw. Koks — aus *Eisenerzen* gewonnen, wobei der Kohlenstoff als Dauerbestandteil in das Eisen übergeht und demselben das Gepräge gibt. Roheisen ist der Rohstoff, auf dem sich die Eisenindustrie der gesamten Kulturwelt aufbaut.

Das zunächst im *Holzkohlenhochofen* erzeugte Roheisen war gekennzeichnet durch die Eigenschaft der unmittelbaren *Vergießbarkeit* in Formen und durch eine noch heute schwer erreichbare hohe *Gütebeschaffenheit* der Gußerzeugnisse. Der mangelnde Waldbestand zur Deckung des ständig wachsenden Holzkohlenbedarfs brachte in Deutschland in der ersten Hälfte des 19. Jahrhunderts den Holzkohlenhochofen zum Aussterben und die damit verbundene Eisengußerzeugung als Nebenbetrieb der Eisenhütten zum Erliegen.

Die in die gleiche Zeit fallende Einführung von *Koks* als Brennstoff führte zum Bau des mit Heißwind betriebenen *Kokshochofens* und leitete die planmäßige Erzeugung von Roheisen als Rohstoff für sämtliche Eisen- und Stahlgattungen mit Einschluß des Eisengusses ein.

Da sich **Koksroheisen** nur unter bestimmten Voraussetzungen zum unmittelbaren Vergießen in Formen eignet, trennte sich der Gießereibetrieb vom Hochofenbetrieb und gestaltete sich neu durch ausschließliche Erzeugung von *Grauguß* als „*Eisen zweiter Schmelzung*" mittels Umschmelzens von Roheisen und Zusatzeisen im *Gießereischachtofen*.

Die Eisenerze. Die in der Erde lagernden Eisenerze sind zusammengesetzt aus den eigentlichen Verbindungen Eisen–Sauerstoff und mehr oder weniger großen Mengen Kalk, Kieselsäure, Tonerde, Phosphor- und Schwefelsäure u. a.

Die wichtigsten für die Roheisenerzeugung in Frage kommenden Eisenerze sind folgende:

1. Der Magneteisenstein, Eisenoxyduloxyd ($FeOFe_2O_3$) mit einem Eisengehalt von 60 bis 70%, ein reiches und reines Erz, dessen Vorkommen in Deutschland leider nicht von Bedeutung ist. Dagegen verfügen Schweden und Norwegen über große Lagerstätten dieses Erzes, von wo auch unsere Hochöfen beträchtliche Mengen beziehen.

2. Der Roteisenstein, Eisenoxyd (Fe_2O_3) mit einem Eisengehalt von 40 bis 60%, zum Teil auch darüber, phosphorarm. In Deutschland an Sieg, Lahn und Dill in nicht geringem Ausmaße gelegen, zum Teil auch im Harz und in Thüringen; wird neuerdings wieder stärker gefördert.

3. Der Brauneisenstein, Eisenhydroxyd ($2 Fe_2O_3\ 3 H_2O$) mit 30 bis 40% Eisen, teils aber auch erheblich höher, kommt im Harz sowie im schwäbischen und fränkischen Jura vor. Hauptvertreterin dieser Erzart ist die in Lothringen und Luxemburg in überaus reichem Maße vorkommende stark phosphorhaltige Minette. Bis zum Ausgang des Krieges konnten die deutschen Hochofenwerke mit Minette aus Lothringen ausreichend versorgt werden.

4. **Der Spateisenstein**, Eisenkarbonat ($FeCO_3$) mit einem Eisengehalt von 30 bis 40%, ist ein wegen seines Mangangehaltes wichtiges Erz; es ist in Deutschland selten, von größerer Bedeutung nur im Siegerland.

Es ist natürlich besonders wirtschaftlich, wenn diese Erze in dem Zustande verschmolzen werden können, in dem sie der Bergbau liefert. Oft ist aber eine vorherige Aufbereitung nötig, dabei eine Reinigung von ungeeigneten Bestandteilen durch Erzwäsche und magnetische Sonderung. Eine weitere vorbereitende Arbeit ist das Rösten. Dabei werden die Erze in besonderen Röstöfen unter ungehindertem Zutritt der Luft bis zur Glühhitze gebracht, aber nicht bis zum Schmelzen. Damit wird bezweckt, die Erze derart chemisch zu verändern, daß sie leichter und billiger verschmolzen werden können.

Nach dem Verlust Lothringens, dieses so außerordentlich reichen Erzgebietes, sind wir gezwungen, einmal mehr ausländische Erze zu verhütten, dann aber auch solche inländischen, die weniger ergiebig sind und geringere Eisengehalte aufweisen. Es ist und bleibt die große Aufgabe für den Hüttenmann, der Verwendung einheimischer Erze, deren Abbau früher weniger wirtschaftlich erschien, seine ganze Aufmerksamkeit zuzuwenden.

Das Hochofenverfahren dient der Umwandlung der Eisenerze in metallisches Eisen mit anschließender Kohlung desselben durch den Kohlenstoff des glühenden Kokses. Das Beschickungsgut des Hochofens, der sogenannte „Möller", besteht aus Erz, Kalkstein und Koks. Der Kalkstein dient zum Verschlacken der Koksasche und erdigen Bestandteile (Gangart) der Erze durch seinen Gehalt an Kalk (CaO), das Ausbringen an Eisen aus dem Möller ist mit 42 bis 45% anzunehmen.

Die Reduktion (Sauerstoffentziehung) der Eisenerze erfolgt in den oberen Ofenzonen durch das Kohlenoxyd (CO) der aufsteigenden Verbrennungsgase, in den unteren durch den glühenden Kohlenstoff. Das in beiden Reduktionsvorgängen entstehende metallische Eisen wird abschließend durch den Kohlenstoff des auf Weißglut gebrachten Brennkokses aufgekohlt nach dem Vorgang:

$$3Fe + C = Fe_3C = \text{Eisenkarbid}$$

Eisenkarbid oder Zementit ist die Urform, in der der Kohlenstoff im Eisen vorhanden ist, er wird daher als „*gebundener Kohlenstoff*" bezeichnet.

Die als *Graphit* auftretenden C-Formen sind Ausscheidungen von *elementarem Kohlenstoff*, welche unter bestimmten Voraussetzungen durch den Zerfall des Eisenkarbids zustande kommen nach dem umgekehrten Gesetz

$$Fe_3C = 3Fe + C$$

Das Erzeugnis des Hochofens ist in allen Fällen *Roheisen*, dessen Zusammensetzung und Eigenschaften in erster Linie von der Güte und Zusammensetzung der Eisenerze abhängen, zu einem nicht geringen Teil jedoch vom Verhüttungsverfahren mitbestimmt werden.

B. Einteilung der Gießereiroheisen und ihre Analysen.

Gesichtspunkte der Einteilung. Sieht man von dem in Deutschland jetzt nur noch in geringen Mengen hergestellten Holzkohlenroheisen ab, so ergibt sich als gröbste Einteilung der Gießereiroheisen nur diejenige nach dem Aussehen des Bruches in *graues* und *weißes* und das dazwischenliegende „*melierte*" (gemischte) Roheisen.

Das *graue* Bruchaussehen ist in der Hauptsache zurückzuführen auf einen bestimmten Gehalt an Silizium, welcher bewirkt, daß der im Roheisen anwesende Kohlenstoff als Graphit ausgeschieden wird (wodurch das Eisen weich wird). Der Si-Gehalt darf jedoch etwa 3% nicht überschreiten. Ein *weißes* Bruchgefüge entsteht bei geringem Si-Gehalt, etwa bei 1% und darunter. Wie aber bei dem Kapitel Gattierungen noch näher erörtert wird, hat außer dem Silizium die Abkühlung des gegossenen Eisens einen erheblichen Einfluß auf die Graphitbildung. Auf die Entstehung weißen Bruchgefüges wirkt Mangan, das im Gegensatz zu Silizium den Kohlenstoff verhindert, als solcher selbständig im Eisen zu erscheinen, und ihn zwingt, in seiner ursprünglichen Verbindung mit dem Eisen, dem *Eisenkarbid*, zu bleiben, das das Eisen hart macht.

Aus den Möglichkeiten der Wechselwirkungen zwischen Silizium, Mangan und Abkühlung ist bereits zu ersehen, daß die Einteilung oder gar Beurteilung des Eisens nach dem Bruchaussehen und der Korngröße nur oberflächlich sein und zu folgenschweren Trugschlüssen führen kann. Eine genauere, heute noch allgemein in den Eisengießereien gebräuchliche Einteilung des Roheisens unterscheidet in der Hauptsache folgende Grundmarken: *Hämatit, Gießereiroheisen I, Gießereiroheisen III, Luxemburger Gießereiroheisen*, gegebenenfalls eine Zwischenmarke zwischen den beiden letzten und als Zusatzeisen ein *Siegerländer Sondereisen*, wozu noch ein *kohlenstoffarmes Sondereisen* kommt.

Die Hauptmerkmale dieser Roheisenmarken sind: bei Hämatit ein niedriger Phosphorgehalt, höchstens 0,1%. Den Unterschied zwischen Gießereieisen I und III bildet der Siliziumgehalt, der bei I bei etwa 2,3 bis 3% liegt, auch der Phosphorgehalt soll bei I geringer sein als bei III, ebenso der Schwefelgehalt. Luxemburger ist ein Roheisen mit besonders hohem Phosphorgehalt von 1,5 bis 1,8%, und die Zwischenmarke zwischen Gießereiroheisen III und Luxemburger, — früher auch „Ersatz Englisch" genannt — hat einen mittleren Phosphorgehalt von etwa 1 bis 1,2%. Siegerländer Zusatzeisen sind gekennzeichnet durch ihren verhältnismäßig hohen Mangangehalt, der zwischen 2 und 5% liegt. Kohlenstoffarmes Sondereisen hat, wie der Name bereits sagt, einen niedrigen Kohlenstoffgehalt von 2,2 bis 2,8%, der durch Mischen flüssigen Stahls mit Roheisen aus dem Hochofen entsteht, das an sich selten einen niedrigeren Kohlenstoffgehalt als 3% hat.

Roheisenanalysen. In dieser Einteilung sehen wir also eine Unterscheidung nach Merkmalen analytischer Natur, wobei die Menge dieses oder jenes Eisenbegleiters den Ausschlag gibt. Die sicherste Unterlage aber für die Beurteilung des Roheisens ist die Untersuchung auf alle seine Bestandteile. Nur die Gesamtanalyse gibt Auf-

Tabelle 1. **Analysen vom Gießereiroheisen, Zusatz- und Sondereisen. Normen des Roheisenverbandes.**

Bezeichnung	C	Si	Mn	P	S
Hämatit	3,5 bis 4	2,0 bis 3,0	bis 1,2	bis 0,1	bis 0,04
Gießerei-Roheisen I (Deutsch I)	3,5 „ 4	2,25 „ 3,0	„ 0,8	„ 0,7	„ 0,04
Gießerei-Roheisen III (Deutsch III)	3,5 „ 4	1,8 „ 2,5	„ 0,8	„ 0,9	„ 0,06
Gießerei-Roheisen IV a (Englisch III)	3,5 „ 4	2,0 „ 2,5	„ 1,0	1,0 bis 1,5	„ 0,06
Gießerei-Roheisen IV b (Luxemburger III)	3,5 „ 4	1,8 „ 2,5	„ 0,8	1,6 „ 1,8	„ 0,06
Siegerländer Zusatzeisen					
Graues Zusatzeisen	2,4 „ 3,5	1,5 „ 3	2 bis 5	0,1 „ 0,25	0,02 bis 0,07
Meliertes „	2,8 „ 3,8	1 „ 1,5	2 „ 5	0,1 „ 0,25	0,02 „ 0,07
Weißes „	3,0 „ 4,5	0,3 „ 1	2 „ 5	0,1 „ 0,25	0,02 „ 0,07
Spiegeleisen	4 „ 5	bis 1	6 „ 12	bis 0,1	bis 0,04
Kohlenstoffarmes Sondereisen	bis 2,8	0,5 bis 2,5	0,4 „ 1,5	0,07 bis 0,3	0,02 bis 0,04

schluß über die Beschaffenheit, und bei der Erzeugung hochbeanspruchter Gußstücke ist ihre Anwendung unumgänglich.

In Tabelle 1 ist die chemische Zusammensetzung von Roheisenmarken zusammengestellt, wie sie in den deutschen Eisengießereien ständig verbraucht werden. Noch bis 1914 gab es eine Reihe von Gießereien, die für die Herstellung von Zylindern für Dampfmaschinen und Gasmotoren ohne englische Sonderroheisenmarken nicht auskommen zu können glaubten, bis der erste Weltkrieg sie zwang, andere Wege zu suchen und auch zu finden. Die deutschen Roheisen und die Anwendung aller erforderlichen Mittel der Gießkunst ermöglichen es, einen Guß zu erzeugen, der höchsten Ansprüchen genügt.

Aus der Aufstellung ist zu ersehen, wie verschiedenartig die Zusammensetzung für die gleiche Markenbezeichnung sein kann, woraus sich ergibt, daß von jedem Eisenbahnwagen Roheisen von der verbrauchenden Eisengießerei eine sorgfältige Durchschnittsanalyse genommen werden muß, um unangenehme Überraschungen in der Fertigung zu vermeiden.

C. Sonstige Einsatzrohstoffe.

Gußbruch. Es ist notwendig, den täglichen Anfall bei der Fertigung an Ausschuß, Trichtern und Eingüssen möglichst beim nächsten Guß wieder mitzuverwenden. Da in größeren und gut geleiteten Gießereien täglich Analysen der verschiedenen Gußarten der letzten Schmelzung gemacht werden, kennt man hier die Zusammensetzung des eigenen Abfallstoffes ganz genau: dagegen ist bei Verwendung von bezogenem Gußbruch, an der man aus wirtschaftlichen Gründen meistens nicht vorbeikommt, für besonders hochwertige Gußstücke Vorsicht geboten. Es muß dann danach gestrebt werden, der Fertigung verwandten Bruch zu beschaffen, z. B. beim Gießen von Autozylindern den Bruch von solchen. Bei gewöhnlichen Gußarten dagegen können die Bedenken etwas zurücktreten: beim Kapitel Gattierung wird zu der Angelegenheit noch Näheres gesagt werden. Aber jetzt soll schon erwähnt werden, daß der Gußbruch von allen fremden Beimengungen von Metallstücken jeder Art, auch von emaillierten, verchromten, vernickelten Gußstücken freizuhalten ist.

Stahl- und Stahlgußschrott. Die Benutzung von Stahl und Stahlgußschrott als Zusatzstoff für bestimmte Zwecke ist in den Gießereien seit Jahrzehnten üblich, aber erst in den letzten Jahren hat man diesen an sich sehr reinen Rohstoff in größerem Maße verwendet, nachdem man gelernt hat, einiger bei seiner Verarbeitung auftauchender Schwierigkeiten Herr zu werden.

Es ist auch hier darauf zu achten, daß dieser Abfallstoff keine fremden Metalle oder sonstigen Beimengungen enthält, auch der anhaftende Rost darf nicht übermäßig stark sein, wenn Störungen vermieden werden sollen.

Nachstehend einige Analysen von Stahl und Flußeisen sowie Stahlguß (Tabelle 2):

Tabelle 2. Stahlabfälle als Schmelzeisen.

Stahlart	C	Si	Mn	P	S
Weicher Flußstahl	bis 0,1	—	0,35	bis 0,08	0,04
Eisenbahnschienen	0,4	bis 0,2	0,6 bis 1,0	0,04 bis 0,07	0,04
Stahlformguß, Steiger u. Trichter	0,35	0,25	0,5	0,05	0,04
Maschinenstahl	0,25	0,2	0,6 bis 0,8	0,04	0,04

Ferrolegierungen. An dieser Stelle sollen nur die beiden in der Eisengießerei gebräuchlichen Zusatzlegierungen erwähnt werden, und zwar *Ferrosilizium* und

Ferromangan. Weitere für die Eisengießerei in Frage kommende Zusätze werden bei dem Kapitel Gattierung bzw. Eisenbegleiter genannt.

Sowohl Ferrosilizium als auch Ferromangan sind in verschiedenen Zusammensetzungen käuflich und im Eisengießereibetrieb zu verwenden.

Ferrosilizium wird mit 8 bis etwa 18% Si als Hochofenerzeugnis und mit höheren Gehalten bis zu 80% als Erzeugnis des elektrischen Ofens verwendet.

Ferromangan ist annähernd mit denselben Gehalten an Mn käuflich, doch wird in beiden Fällen vermieden, die Legierungen mit den höheren Gehalten zu verwenden, einmal wegen des zu hohen Abbrandes und dann wegen der ungenügenden Treffsicherheit der beabsichtigten Wirkung.

E.-K.-Pakete. Eine sehr gute Lösung der Frage, die Verwendung von Ferrosilizium und Ferromangan im Gießereischachtofen betreffend, hat die Maschinenfabrik Eßlingen gefunden durch Schaffung der sogenannten *E.-K.-Pakete*, das sind Formlinge, die zerkleinertes Fe–Si und Fe–Mn durch ein zementartiges Bindemittel zusammengepreßt enthalten. Auf diese Weise ist die Zuführung von Silizium und Mangan im Schachtofen sehr erleichtert worden, so daß diese Briketts allgemein in Anwendung gekommen sind. Tabelle 3 soll zeigen, wie leicht die Berechnung der Gattierung durch Verwendung von E.-K.-Paketen gemacht wird.

Tabelle 3.

Nr.	Reihe der Formlinge		Inhalt der Formlinge für 1 Stück	Gewicht der Formlinge für 1 Stück
	Bezeichnung	Art		
I	Si-Formlinge	volle Größe	etwa 1,0 kg Si	etwa 2,8 kg
I a	Si- ,,	halbe ,,	,, 0,5 kg Si	,, 1,4 kg
II	Mn- ,,	volle ,,	,, {0,5 kg Mn / 0,5 kg Si}	,, 2,0 kg
II a	Mn- ,,	halbe ,,	,, {0,25 kg Mn / 0,25 kg Si}	,, 1,0 kg
III	P- ,,	volle ,,	,, 1,0 kg P	,, 5,7 kg
III a	P- ,,	halbe ,,	,, 0,5 kg P	,, 2,85 kg
IV	Ni- ,,	volle ,,	,, 1,0 kg Ni	,, 1,45 kg
V	Cr- ,,	,, ,,	,, 0,5 kg Cr	,, 1,00 kg

Die Zuhilfenahme der Formlinge zur Ergänzung der fehlenden Gehalte an Eisenbegleitern ist dann geboten, wenn die erforderliche Gattierung mit den vorhandenen oder erhältlichen Roh- und Brucheisengattungen einschließlich der Stahlabfälle nicht zustande zu bringen ist.

Die *E.-K.-Pakete* werden mit der Beschickung gleichzeitig aufgegeben und sinken im Schutz ihrer Zementbettung unverändert bis zur Schmelzzone herab, in der sie zum Schmelzen kommen. Auf diese Weise geht der gesamte Inhalt in das Eisen über und unterliegt mit demselben dem Abbrand. Das Legieren in der Pfanne ist bei den E.-K.-Paketen ausgeschlossen, da sie von dem zufließenden Eisen mangels ausreichender Temperatur desselben nicht gelöst werden können.

Diesem Zweck dienen die wärmeführenden Pfannenzusätze von Hugo Wachenfeld in Düsseldorf-Oberkassel, die sogenannten *H.-W.-Pakete*, welche unzerkleinert in ihrer Hülle auf den Boden der gut vorgewärmten Gießpfanne gelegt und durch das zuströmende Eisen aufgelöst werden.

Dasselbe gilt für die von August Klüser in Wuppertal-Elberfeld eingeführten wärmeführenden Pfannenzusätze „*Nica-Beutel*".

Die Brikettierung von Guß und Stahlspänen, die vor 20 Jahren stark betrieben wurde, um die Wiederverwendung dieser Abfallstoffe im Gießereischachtofen zu ermöglichen, ist heute seltener.

III. Die Zusammensetzung und Gattierung.
A. Einfluß der Eisenbegleiter.

Die Kenntnis von dem Einfluß der Eisenbegleiter — und zwar sowohl der unvermeidbaren als auch der zusätzlich zur Verbesserung des Gusses zu wählenden — ist für die erfolgreiche Abwicklung des ganzen Fertigungsvorganges von grundlegender Bedeutung. Für die zweckmäßigste Zusammensetzung der Rohstoffe unter Beachtung der Schmelzvorgänge im Gießereischachtofen hatte bereits LEDEBUR, der Altmeister der Gießerei- und Hüttenkunde, Ende des vorigen Jahrhunderts Richtlinien aufgestellt, die heute noch Geltung haben. Es hat allerdings Jahrzehnte gedauert, bis diese Allgemeingut wurden. Der Metallographie blieb es dann vorbehalten, uns einen tieferen Einblick in den Gefügeaufbau von Grauguß zu geben und damit die bessere Erkenntnis von der Wirkung der einzelnen Elemente sowohl als auch von den Möglichkeiten sonstiger Beeinflussung des Gefüges.

Kohlenstoff ist, wie bereits erwähnt, der den Grauguß kennzeichnende wichtigste Eisenbegleiter.

Kohlenstoff tritt als Legierungsbestandteil des Eisens vornehmlich in 2 Arten auf: als *Graphit*, d. i. reine Kohle, die im Eisen als Punkte, Knoten, Adern eingebettet ist, und als *Karbidkohle*, als Bestandteil der Eisenkohlenstoffverbindung Eisenkarbid mit der chemischen Formel Fe_3C, entsprechend einem Kohlenstoffgehalt von 6,67%.

Liegt überwiegend *Graphit* vor, ist der Grauguß weich und zeigt ein graues Bruchaussehen. Eisenkarbid dagegen ist hart; sein Überwiegen im Guß macht diesen ebenfalls hart und das Bruchgefüge erscheint weiß. Beide Kohlenstoffarten können nun jede für sich und nebeneinander in den verschiedensten Formen auftreten, was am besten an Hand von stark vergrößerten Gefügeaufnahmen zu erkennen ist (s. S. 18/19).

Silizium ist der wichtigste Eisenbegleiter zur Bildung eines weichen Graugußgefüges. Es fördert — neben verlangsamter Abkühlung — die Graphitausscheidung. Starkwandiger Guß mit hohem Siliziumgehalt hat ein tiefgraues grobkörniges Gefüge. Niedrigsilizierter Guß, dünnwandig, also schnell erkaltend, erhält ein weißes Bruchgefüge: Graphit konnte sich nicht ausscheiden.

Mangan bewirkt im allgemeinen das Gegenteil wie Silizium: es verhindert die Graphitausscheidung und begünstigt die Eisenkarbidbildung. Hierdurch tritt es der graphitausscheidenden Wirkung des Siliziums gegenüber als *regelndes Element* in Erscheinung und ist unentbehrlich, da zur Wahrung der Festigkeitseigenschaften im Graugußgefüge ein gewisser Gehalt an „gebundenem Kohlenstoff" vorhanden sein muß. Diese Wechselwirkung zwischen Mangan und Silizium hat indes sehr enge Grenzen. Festigkeitsfördernd wirkt ein hoher Mn-Gehalt von 0,8 bis 1,0% nur bei entsprechend niedrigen Si-Gehalten von etwa 1,1% an abwärts, höhere Si-Gehalte dagegen erfordern die Niederhaltung des Mn-Gehaltes in den Grenzen von 0,6 bis 0,8%, da andernfalls Sprödigkeit des Gusses und Lunkerbildung eintreten. *Die entschwefelnde Wirkung des Mangans* durch die Bildung von *Mangansulfid* (MnS) kommt bei der gewöhnlichen Bau- und Betriebsweise des Gießereischachtofens nicht zur Auswirkung, da als Voraussetzung hierfür die basische Schlacke fehlt. Hierauf wird an anderer Stelle näher eingegangen werden.

Phosphor ist ein weitverbreiteter Eisenbegleiter im Grauguß, da die größte Zahl der verfügbaren Erze P-reich ist. Die frühere Auffassung, Phosphor mache das Eisen spröde und verschlechtere seine Festigkeitseigenschaften, ist heute in diesem Umfang nicht mehr haltbar, da für die *statischen* Festigkeitseigenschaften P-Gehalte bis etwa 0,35% sogar günstig sind. Wo es auf hohen Flüssigkeitsgrad ankommt, erhöht man den P-Gehalt auf 0,8 bis etwa 1,3%. Mittlere P-Gehalte zwischen 0,5 bis 0,75% sind bei Verschleißbeanspruchung insbesondere im Kolbenringguß durchaus erwünscht, weil das Phosphidnetzwerk die Ölhaftigkeit begünstigt. Auch bei *dynamischen* Beanspruchungen kleiner Impulse ist der Phosphor keineswegs so schädlich, wie man es früher angenommen hat. Bei stärkeren, schlagähnlichen Impulsen dagegen oder bei verwickelten Konstruktionen ist ein P-Gehalt etwa über 0,25% nicht angebracht.

Schwefel gesellt sich in überwiegendem Maße zum Eisen und bildet mit demselben *Eisensulfid* (FeS), dessen Erstarrungstemperatur derjenigen der Graugußschmelze nahekommt. Es erstarrt demzufolge fast gleichzeitig mit der Schmelze und verbleibt als selbständiger Gefügebestandteil im Guß. *Mäßiger Schwefelgehalt* wirkt sich innerhalb des für Grauguß aller Art als Höchstgrenze festgesetzten Wertes von 0,1 bis 0,12% bei gleichmäßiger Verteilung im Gefüge nicht schädlich auf die Gußeigenschaften aus. *Hoher Schwefelgehalt* dagegen übt ausschließlich schädliche Wirkungen aus, indem er Zähflüssigkeit der Schmelze, Härte des Gusses und Blasenbildung erzeugt. Die gefährlichsten Schwefelzubringer sind der Gußbruch und der überhöhte Kokssatz, ersterer, weil er mit jedesmaligem Umschmelzen eine Schwefelanreicherung erfahren hat, letzterer, weil 30% vom Schwefelgehalt des Kokses in das Eisen übergehen. Die *Entschwefelung der Schmelze* wird in Verbindung mit dem Schmelzverfahren im Gießereischachtofen eine eigehende Behandlung erfahren.

Sonstige Elemente. *Kupfer* und *Arsen* sind selten auftretende Eisenbegleiter; sie sind schädlich und wirken ähnlich wie *Schwefel*. *Nickel, Chrom, Vanadium, Molybdän* und andere Elemente werden dem Grauguß zugesetzt, um ihm besondere Eigenschaften zu verleihen. Diese Zusätze werden in der Regel in Form von *Ferrolegierungen* aufgegeben, in denen das Zusatzmetall an Eisen gebunden ist. Für reine Legierungszwecke stehen Ferrochrom, Ferromolybdän, Ferronickel und Reinnickel zur Verfügung; ihre Verwendung ist mit einer merklichen Verteuerung des Gußerzeugnisses verbunden.

B. Die Zusammensetzung des Einsatzes (Gattierung) und des Schmelzerzeugnisses.

Zusammensetzung des Gußeisens. Für die Zusammensetzung von gewöhnlichem grauem Gußeisen gilt ganz allgemein, daß die richtige Wahl des *Siliziumgehaltes* von entscheidender Bedeutung ist. Keinem der übrigen vorhin besprochenen Eisenbegleiter, sofern er nicht in ganz ungewöhnlichem Ausmaße auftritt, ist eine solche Beachtung zu schenken.

Legen wir einmal die Gehalte der übrigen Eisenbegleiter in folgenden Grenzen fest:

Kohlenstoff . . . . . . 3,3 bis 3,8%, Phosphor . . . . 0,6 bis 1,2%,
Mangan . . . . 0,6 bis 1%, Schwefel . . . . 0,08 bis 0,12%,

dann hat sich der Siliziumgehalt für die Erzielung eines grauen Eisens gemäß Tabelle 4 nach den Wanddicken des Gußstückes zu richten.

Hierbei sind die unteren und oberen Grenzen in Einklang zu bringen mit denjenigen der übrigen Eisenbegleiter unter Berücksichtigung deren eigenen Einflusses auf die Graphit- oder Karbidbildung. Tabelle 5 gibt einige Analysenwerte von Gußstücken aus der Praxis an.

Tabelle 4.

Wanddicke	Si-Gehalt
bis 5 mm	von 2,6 bis 2,9%
von 5 „ 10 „	„ 2,2 „ 2,6%
„ 10 „ 20 „	„ 1,8 „ 2,2%
„ 20 „ 30 „	„ 1,6 „ 1,8%
„ 30 „ 40 „	„ 1,4 „ 1,6%
„ 40 „ 50 „	„ 1,3 „ 1,4%
„ 50 „ 60 „	„ 1,2 „ 1,3%
„ 60 „ 100 „	„ 1,0 „ 1,2%
„ 100 „ 300 „	„ 1% und darunter

Die Zusammensetzung des Einsatzes (Gattierung) und des Schmelzerzeugnisses.

Tabelle 5.

	C	Si	Mn	P	S
Gewöhnlicher Maschinenguß	3,38	1,78	0,72	0,78	0,11
Leichter Maschinenguß	3,35	2,15	0,65	0,82	0,095
Schwerer Maschinenguß	3,42	1,65	0,78	0,75	0,087
Maschinenguß hoher Festigkeit ..	3,31	1,45	0,91	<0,35	0,085
Dampfzylinder	3,29	1,27	1,01	0,65	0,078
Lokomotivzylinder	3,25	1,62	1,11	0,61	0,075
Ofen- und Geschirrguß	3,45	2,47	0,52	1,37	0,125
Heizkessel, Heizkörper, Badewannen	3,39	2,52	0,59	1,19	0,101
Röhrenguß	3,43	2,01	0,62	0,91	0,099
Stahlwerkskokillen	3,35	1,51	0,76	0,10	0,061

Zusammensetzung des Einsatzes. Diese Angaben sollen vorerst einen Anhalt bieten, nach welchen Gesichtspunkten gattiert werden muß; sie genügen aber schon, um zu ersehen, wie unsicher der Erfolg sein muß, wenn man bei der Zusammensetzung lediglich auf allgemeine Bezeichnungen der Roheisen nach Marken I oder III usw. oder lediglich nach dem Bruchgefüge gattieren will.

Das Vorhandensein der drei Grundformen Ferrit, Eisenkarbid und Graphit in dem Roh- und Brucheisenbestandteil des Eisensatzes und die Mitwirkung der übrigen Elemente sowie der Schmelzüberhitzung und Erstarrungsgeschwindigkeit als zusätzliche Gestaltungskräfte bei der Gefügebildung von Grauguß bringen es mit sich, daß bei Niederhaltung des Si-Gehaltes bzw. Erhöhung des Mn-Gehaltes dieselbe Schmelze durch langsames Abkühlen grau, durch Abschrecken in Kokillen weiß erstarren kann. Langsamer Erstarrungsverlauf gibt den Graphitkristallen längere Zeit zur Ausbildung, sie werden größer und das ganze Gefüge wird grobkristallisch, es erstarrt mit grobem Korn. Für den Beginn und das Ausmaß der Graphitausscheidung ist dagegen in erster Linie der Gehalt an Silizium, in zweiter Linie der Gehalt an Mangan ausschlaggebend, die sonstigen Elemente sind hierfür von untergeordneter Bedeutung.

Um die gewünschte Zusammensetzung der Gußstücke zu erreichen, ist es also unbedingt erforderlich, den Einsatz seiner Zusammensetzung nach genau zu kennen; nur so ist es möglich, sich vor Überraschungen, die anders gar nicht ausbleiben können, zu sichern.

Sind die Analysenwerte der vorhandenen Rohstoffe bekannt, so wird bei der Gattierung folgendermaßen verfahren:

1. **Beispiel.** Eine Gießerei soll leichten Werkzeugmaschinenguß herstellen von etwa folgender Zusammensetzung:

C 3,5   Si 2,0   Mn 0,7   P höchst. 0,8   S höchst. 0,1

An Rohstoffen sind vorhanden (Tabelle 6):

Tabelle 6.

	Si	Mn	P	S
Gießereieisen I	3,15	0,65	0,44	0,03
„ III	2,39	0,59	0,71	0,05
Siegerländer Zusatzeisen	0,80	4,50	0,20	0,03
Luxemburger	2,40	0,60	1,50	0,04
Bruch, eigener obiger Zusammensetzung	2,0	0,70	0,8	0,1
Gekaufter, guter Maschinengußbruch, Zusammensetzung angenommen	2,0	0,60	0,8	0,1

Nun ist folgendes zu berücksichtigen:

Der Gesamtkohlenstoff kann vernachlässigt werden; unter üblichen Verhältnissen stellt er sich im Schachtofen in einer Höhe von 3,4 bis 3,6% ein. Ein höherer

Gehalt an C ist seltener, ein niedriger kann nur erreicht werden durch Zusatz von kohlenstoffarmen Einsatzstoffen, also Stahlschrott, kommt aber für das vorliegende Beispiel nicht in Frage. Weiter muß für die Berechnung beachtet werden, daß Silizium und Mangan im Schachtofen einen *Abbrand* erfahren, und zwar im allgemeinen: Si 10% und Mn 15 bis 20%. Bei Roheisen mit höheren Gehalten an Si und Mn, besonders bei Ferrolegierungen Fe–Si und Fe–Mn können die Abbrandziffern bedeutend höher ausfallen. Phosphor bleibt gleich, sein Gehalt ändert sich während des Schachtofen-Schmelzens nicht. Dagegen nimmt der Schwefel aus dem Schmelzkoks erheblich zu, je nach dem Ofengang 20 bis 30% und mehr. Eisen selbst erleidet ebenfalls einen Abbrand in Höhe von etwa 0,7%.

Sollen wir also die oben gestellte Aufgabe erfüllen, so ist auf Grund der vorhandenen Einsatzrohstoffe folgende Zusammensetzung zu wählen (Tabelle 7):

Tabelle 7.

		Si	Mn	P	S
Gießereiroheisen I	10%	0,315	0,065	0,044	0,003
Gießereiroheisen III	20%	0,478	0,118	0,142	0,010
Siegerländer Zusatzeisen	5%	0,040	0,225	0,010	0,0015
Luxemburger Gießerei	10%	0,240	0,060	0,150	0,004
Eigener Bruch	30%	0,660	0,210	0,240	0,030
Fremder Bruch	25%	0,500	0,150	0,200	0,025
Zu 1. Zusammensetzung des kalten Satzes		2,233	0,828	0,786	0,0735
Abbrand bzw. Zunahme etwa		−0,233	−0,128	—	+0,0165
Zu 2. Gußzusammensetzung		2,0%	0,7%	0,79%	0,09%

2. Beispiel. Eine weitere Aufgabe sei die Zusammenstellung einer Gattierung für Dampfzylinder mit etwa 25 bis 30 mm Wandung und einer Zugfestigkeit von 26 kg/mm². In diesem Falle wird man besondere Vorsicht walten lassen müssen, da es sich um ein hochbeanspruchtes Gußstück handelt. Hier genügt nun nicht mehr die Einschaltung der Regel, die für die Höhe des Siliziumgehaltes bei bestimmten Wandstärken besteht, sondern es muß dem Kohlenstoff besondere Beachtung beschenkt werden. Es muß auch ein Bruchgefüge erstrebt werden, in dem z. B. alle die Festigkeit störenden Unterbrechungen durch den freien Kohlenstoff, den Graphit, möglichst gering und dieser selbst — soweit unvermeidlich oder gar erforderlich — nicht zusammenhängend in Adern oder Flächen, sondern möglichst fein verteilt ist. Aus dem gleichen Grunde sollte der gebundene Kohlenstoff, der Zementit, ebenfalls möglichst gleichmäßig eingelagert sein.

Diesen Idealzustand haben die Eisengießer schon seit Jahrzehnten zu erreichen versucht durch möglichste Niederhaltung des Gesamtkohlenstoffes und haben zu diesem Zweck der Gattierung kohlenstoffarmes Eisen, d. h. Stahl- und Stahlgußabfälle zugegeben. Schon ein Zusatz von 5 bis 10% Stahl macht sich bemerkbar, nicht nur beim Gesamtkohlenstoff, sondern auch beim Graphit, der niedriger und feiner verteilt ist, als in Grauguß ohne diesen Zusatz.

Für den fraglichen Zylinder ist unter der Voraussetzung, daß die Roheisensorten wie beim ersten Gattierungsbeispiel zur Verfügung stehen, eine Gattierung lt. Tabelle 8 zu wählen, in dem Bestreben, dem Zylinder etwa folgende Zusammensetzung zu geben:

C 3,2   Si 1,6   Mn 1,0   P 0,60   S 0,08

Tabelle 8.

		Si	Mn	P	S
Gießereiroheisen I	20%	0,63	0,13	0,088	0,006
,, III	25%	0,59	0,15	0,178	0,013
Siegerl. Zusatz	10%	0,08	0,45	0,020	0,003
Zylinderbruch	30%	0,48	0,30	0,180	0,024
Stahlschrott Eisenbahnsch.	15%	—	0,14	0,090	0,008
Kalter Satz		1,78	1,17	0,556	0,054
Abbrand bzw. Zunahme		−0,18	−0,17	—	+0,018
Guß		1,60	1,00	0,556	0,072

Für den Kohlenstoff ist eine Rechnung über die Zunahme durch den Schmelzkoks im Gießereischachtofen nicht angebracht, da die Kohlenstoffaufnahme von verschiedenen Umständen abhängt. Man kann aber mit einiger Sicherheit annehmen, daß der Zusatz von 15% Stahlschrott den Gesamtkohlenstoff um etwa 10% drückt und damit unter üblichen Verhältnissen ein Kohlenstoff von 3,2% erreicht wird. Dieser Satz wird für das gegebene Beispiel im allgemeinen der erstrebenswerteste sein: die vorgeschriebene Festigkeit wird mit ziemlicher Sicherheit erreicht und das Vergießen des flüssigen Eisens macht noch keine Schwierigkeiten, die aber mit der weiteren Ermäßigung der Kohle eintreten. Statt Stahlschrott oder auch neben diesem wird vielfach ein kohlenstoffarmes Sonderroheisen genommen, wie es die Friedrich-Wilhelm-Hütte herstellt und früher die Concordiahütte, zu denen in den letzten Jahren auch ähnliche Marken aus dem Siegerland und schließlich weitere synthetische kohlenstoffarme Sondereisen hinzugekommen sind.

C. Zustands- und Gefügeschaubilder.

Allgemeines Eisenkohlenstoffschaubild. Zum Verständnis der Kristallisationsvorgänge ist es von Wichtigkeit, das Zustandschaubild der Eisen-Kohlenstoff-

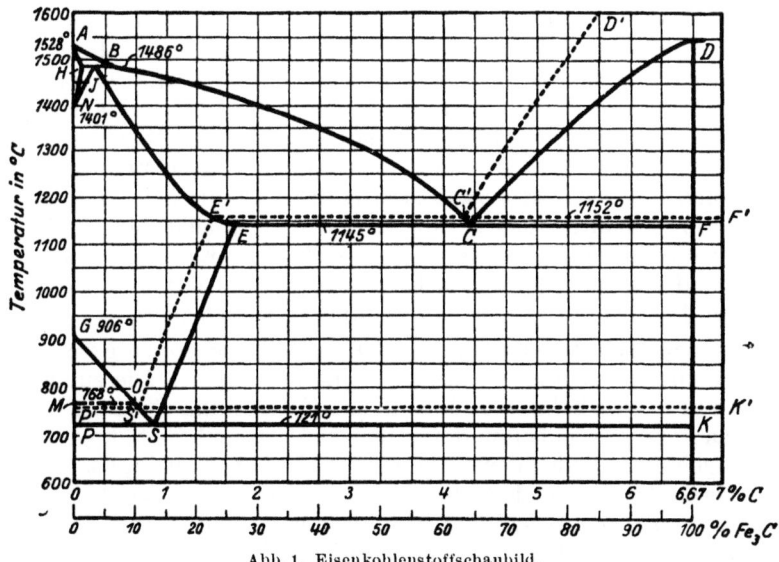

Abb. 1. Eisenkohlenstoffschaubild.

Legierungen zu kennen, das über die Gefügebildung nach dem Gießen bzw. bei der Erstarrung Aufschluß gibt (Abb. 1).

Auf der waagerechten Achse sind, von Null beginnend, wachsende Gehalte an Kohlenstoff, auf der im Nullpunkt errichteten senkrechten Achse die Temperaturen aufgetragen. Jeder Punkt des durch die beiden Senkrechten begrenzten Feldes gibt auf die Waagerechte gelotet einen Kohlenstoffgehalt, auf die Senkrechte gelotet eine Temperatur an.

Anfangspunkt der Stoffeinteilung ist *reines Eisen* mit 0% Kohlenstoff, Endpunkt reines Eisenkarbid mit 6,67% Kohlenstoff. Die ausgezogenen Schaulinien stellen den Verlauf der *karbidischen*, die gepunkteten den der *graphitischen* Erstarrung dar. Ausgangspunkt für beide ist der im Punkte A bei 0% Kohlenstoff und 1528° C gelegene Schmelzpunkt des reinen Eisens. Die Temperaturlinie der beginnenden Erstarrung oder *Liquiduslinie*, welche aus den beiden Ästen A bis C und D bis C (von oben gelesen) besteht, bildet die untere Begrenzung des Zustandsfeldes, in dem alles flüssig ist. Die Temperaturlinie der beendigten Erstarrung oder *Soliduslinie* besteht aus der gebogenen Linie A bis E und der waagerechten Geraden ECF. An der Temperaturlinie AC entlang beginnt die Ausscheidung von kohlenstoffärmeren Mischkristallen aus der Schmelze, die dadurch kohlenstoffreicher wird. An der Temperaturlinie DC entlang werden Eisenkarbidkristalle aus der Schmelze ausgeschieden, so daß dieselbe kohlenstoffärmer wird. Mit fortschreitender Abkühlung verschiebt sich die Zusammensetzung der Schmelze entsprechend dem Verlauf der Liquiduslinien A bis C und D bis C im entgegengesetzten Sinne bis zum Zusammentreffen auf der Temperaturlinie von 1145° C im Punkte C, in dem der Schmelzrest den Kohlenstoffgehalt von 4,2% erreicht und unmittelbar zum „Eutektikum" erstarrt. Dieses hat zu Ehren des Altmeisters der Eisenhüttenkunde LEDEBUR die Bezeichnung „*Ledeburit*" erhalten. Die Zusammensetzung der kohlenstoffärmeren Mischkristalle verschiebt sich entsprechend dem Verlauf der Soliduslinie AE und endet im Punkte E bei 1,7% C auf der gleichen Temperaturlinie von 1145° C wie das Eutektikum Ledeburit.

Die Zustandsform der karbidisch (weiß) erstarrten Schmelze an der *eutektischen Temperaturlinie* von 1145° C entlang, ist auf der Strecke von E bis C ein Gemenge aus Mischkristallen E mit 1,7% C und Eutektikum Ledeburit mit 4,2% C, auf der Strecke von C bis F ein Gemenge aus Eisenkarbid und Ledeburit. Der Punkt E der Soliduslinie stellt den *Sättigungsgrad der Mischkristalle für Kohlenstoff* dar. Dies besagt, daß eine Eisenkohlenstofflegierung beim Übergang aus dem flüssigen in den festen Zustand bis zu 1,7% gebundenen Kohlenstoff in fester Lösung zu halten vermag und daß Mischkristalle mit mehr als 1,7% gebundenem Kohlenstoff undenkbar sind. Das *Eutektikum Ledeburit* der karbidischen Erstarrung besteht aus gesättigten Mischkristallen E mit 1,7% C und Eisenkarbid Fe_3C mit 6,67%, welches als Gefügebestandteil „*Zementit*" heißt. Das Eutektikum ist der zuletzt erstarrende und zuerst schmelzende Gefügebestandteil mit unmittelbarem Übergang aus dem flüssigen in den festen Zustand und umgekehrt.

Bei der **graphitischen Erstarrung** tritt an die Stelle des eutektischen Karbids der lamellare oder mehr oder weniger verfeinerte Graphit. Die eutektische Linie $E'C'F'$ liegt um 7 Grad höher bei 1152° C, das Eutektikum C' ist auf der Liquiduslinie AC nach links verschoben und liegt bei 4,15% C und die Sättigung der Mischkristalle mit gebundenem Kohlenstoff erfolgt im Punkte E' bei 1,3%. Die Liquiduslinie $D'C'$ verläuft bedeutend steiler, bereits bei etwa $5^1/_2$% C beginnt das Ausstoßen des als *primärer Graphit* ausgeschiedenen elementaren Kohlenstoffs aus der Schmelze. Dieser wird als „*Garschaumgraphit*" bezeichnet, weil er wegen seines geringen Eigengewichts an die Oberfläche des Eisenbades steigt und dort abgeschäumt werden kann.

Die als **II. Kristallisation** bezeichneten *Umwandlungen im festen Gefüge* unterhalb der Soliduslinie *AECF* sind begrenzt von der doppelästigen Temperaturlinie *GOSE* einerseits und der waagerechten Temperaturlinie *PSK* andererseits. Der Punkt *S*, welcher fast genau bei 0,9% C und 721° C liegt, wird als „*Eutektoid*" bezeichnet, weil die hier zustande kommende Zustandsform eine Folgeerscheinung des Eutektikums ist. Das zugehörige Gefüge trägt den Namen „*Perlit*" und ist gekennzeichnet durch lamellenartige, im Aussehen dem Zebrafell vergleichbare Nebeneinanderlagerung der beiden Grundbestandteile Ferrit und Eisenkarbid. Es ist durch vollkommene Ausgeglichenheit, d. h. Spannungsfreiheit ausgezeichnet und stellt daher die Bestform des überhaupt erreichbaren Gußgefüges dar.

Da Perlit in allen Eisengattungen auftritt, die überhaupt Kohlenstoff enthalten, andererseits die Temperatur der Perlitausscheidung, ähnlich wie bei der Ausscheidung des Ledeburiteutektikums, die gleiche ist, wird dieser Tatsache durch die Gerade *PSK* Rechnung getragen. Die bei 721° entstehende feste Lösung des Perlits löst beim Glühen mit steigender Temperatur in zunehmendem Maße freien Zementit in sich auf bis zum Höchstgehalt von 1,7% Kohlenstoff. Mehr als 1,7% kann die feste Lösung nicht enthalten, da der überschießende Kohlenstoff, wie oben erwähnt, sich bereits im Ledeburit aus der flüssigen Schmelze abgeschieden hat. Die Linie *SE* gibt für bestimmte Temperaturen die Mengen Kohlenstoff bzw. Zementit an, die von der festen Lösung aufgenommen werden können.

Aus den einzelnen Feldern des Schaubildes kann man ohne weiteres ablesen, welche Gefügebestandteile darin beständig sind. Oberhalb der Linie *AC* ist alles flüssig, unterhalb *AEC* alles erstarrt. In dem durch diese beiden Linien begrenzten Felde werden wir demnach mit sinkender Temperatur und sinkendem Kohlenstoffgehalt wachsende Mengen aus der Schmelze ausgeschiedener Kristalle neben der Schmelze selbst, der sogenannten Mutterlauge, finden. In dem durch die Linien *AE*, *ES*, *SG* und die Nullachse *AG* begrenzten Felde enthält das Eisen allen Kohlenstoff in fester Lösung. Man bezeichnet diese feste Lösung auch als γ-Mischkristalle oder *Austenit*. In dem durch die beiden geraden Linien *ECF* und *SK* begrenzten Felde finden wir von einem Kohlenstoffgehalt von 1,7% an aufwärts außer den erwähnten Mischkristallen noch das Eutektikum Ledeburit, das selbst die Zusammensetzung $C = 4{,}2\%$ Kohlenstoff hat. Die in diesem Gebiet vorhandenen Mischkristalle enthalten alle entsprechend dem Gehalt des Punktes *E* 1,7% Kohlenstoff. Die Änderung im Kohlenstoffgehalt macht sich also in diesem Gebiet nur dadurch bemerkbar, daß mit steigendem Gehalt die Menge des Ledeburits zunimmt und die der Mischkristalle entsprechend abnimmt. Bei 4,2% Kohlenstoff enthält das Eisen nur Ledeburit.

Die Linie *GS* bezeichnet den Beginn der Ausscheidung von α-Eisen aus den γ-Mischkristallen. Durch die Linie *PSK* wird der Zerfall des Restes der festen Lösung in Perlit angezeigt, unterhalb dieser Linie können (bei gewöhnlicher Abkühlung) keine γ-Mischkristalle mehr bestehen. Entsprechend finden wir in dem durch die Linien *GS* und *PS* begrenzten Gebiete mit sinkender Temperatur und sinkendem Kohlenstoffgehalt sinkende Mengen fester Lösung und steigende Mengen α-Eisen vor. Das durch die Linien *SE* und die Ordinate zu 1,7% Kohlenstoff begrenzte Gebiet enthält neben der festen Lösung noch mit steigender Temperatur und sinkendem Kohlenstoffgehalt abnehmende Mengen freien Zementits.

Das Schaubild gilt streng genommen nur für reine Eisenkohlenstoff-Legierungen. Durch alle anderen Elemente werden die Linien des Schaubildes verändert, für Grauguß bewirkt das in erster Linie das Silizium.

Schaubild nach Maurer (Abb. 2). Dieses Bild zeigt eine gewisse Gesetzmäßigkeit zwischen den Gehalten an Silizium und Kohlenstoff für die Erzielung von ferritischem, perlitischem und zementitischem Gefüge (Näheres siehe in Abschn. E). Solange sich die Gußzusammensetzung in Grenzen hält, die beispielsweise durch das mittlere Feld angegeben sind, besteht das Gefüge aus einer rein perlitischen Grundmasse mit eingelagertem Graphit. Liegt der Guß seiner Zusammensetzung nach im linken Feld, dann besteht das Kleingefüge aus Ledeburit, liegt er im rechten Feld, dann enthält es Ferrit, Perlit und Graphit. Natürlich ist der Übergang von einer Gefügeart zur anderen nicht unstetig, sondern stetig. Deshalb sind zwei Übergangsfelder eingezeichnet. Die Linienzüge des Schaubildes können noch durch eine Reihe anderer Umstände, wie Abkühlungsgeschwindigkeit, Wandstärken usw. in ihrer Lage verschoben werden, das ändert aber nichts an der grundsätzlichen Richtigkeit des Schaubildes. Geht man von einer bestimmten Eisenkohlenstofflegierung, z. B. einer mit 3% C und 1,5% Si aus, so kommt man bei gleichbleibendem Silizium- und steigendem Kohlenstoffgehalt (Bewegung nach oben) sowie bei gleichbleibendem Kohlenstoff- und steigendem Siliziumgehalt (Bewegung nach rechts) beide Male aus dem Bereich von Grauguß mit rein perlitischer Grundmasse in Bereiche von Gußarten mit perlitisch-ferritischer Grundmasse. Es wird also nicht nur (bei steigendem Kohlenstoffgehalt) der die Ausgangslegierung übersteigende Kohlenstoffgehalt, sondern auch ein Teil des im Perlit als Karbidkohle vorhandenen Kohlenstoffs zu Graphit zerlegt und ausgeschieden.

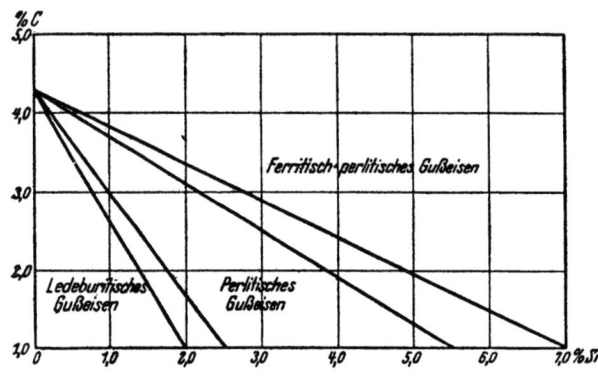

Abb. 2. Schaubild nach MAURER.

Schaubild nach GREINER-KLINGENSTEIN (Abb. 3). Dieses Bild berücksichtigt auch den Einfluß der Abkühlungsgeschwindigkeit entsprechend der Wanddicke. Es gilt nur für Kohlenstoffgehalte von 2,8% und mehr, sowie für Siliziumgehalte von 1% und mehr. Aus ihm folgt, daß man bei großen Wanddicken den Silizium- und Kohlenstoffgehalt erniedrigen muß, um zu gleicher Gefügeausbildung zu kommen wie bei dünnen, und weiter, daß man bei Konstruktionen gleiche Wanddicken nicht nur zur Vermeidung des Lunkerns, sondern auch zur Erzielung gleichen Kleingefüges anstreben soll.

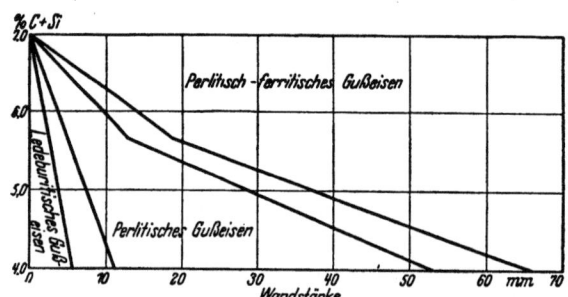

Abb. 3. Schaubild nach GREINER-KLINGENSTEIN.

D. Erstarrungserscheinungen.

Das Schwinden. Bei der Erstarrung von Grauguß treten Veränderungen des Rauminhaltes — im Endergebnis Verringerungen — auf, die der Gießer kaum, zum Teil überhaupt nicht, verhindern kann. Er muß aber Maßnahmen treffen, damit diese Erscheinungen, *Schwinden* genannt, keinen Schaden anrichten. Das

Schwinden ist abhängig von der Zusammensetzung des Gusses, den Abkühlungsverhältnissen und von der Form des Gußstückes. Gewöhnlich berücksichtigt man die Schwindung, indem man die Modelle nach Schwindmaß ausführt und zwar rechnet man bei Grauguß 1%, bei niedriggekohltem Guß 1,5%, bei Stahlguß 2%. Auf die Schwindung muß auch beim Formen und Kernmachen Rücksicht genommen werden. Zu große Kerneisen in Kernen sind oftmals Veranlassung gewesen, daß Gußstücke nicht schwinden konnten und daher rissen. Solche Risse können auch durch Spannungen im Gußstück auftreten, die wiederum bedingt sind durch unterschiedliche Schwindungszeiten in den verschiedenen Wanddicken ein und desselben Gußstückes. Während in einer dünnen Wand infolge schneller Abkühlung die Schwindung bereits beendet ist, kann eine dicke Wand desselben Gußstückes noch rotwarm sein und erst einen Teil ihres Schwindungsweges zurückgelegt haben. Hierdurch können große Spannungen verursacht werden. Also auch aus diesem Grunde soll der Konstrukteur bestrebt sein, allzu ungleiche Wanddicken in einem Gußstück zu vermeiden. In Fällen, wo das nicht möglich ist, muß sich der Gießer zu helfen suchen, indem er z. B. bei langen Drehbankbetten, die bestrebt sind, entsprechend den ungleichen Wanddicken krumm zu werden, beim Formen die Modelle in entgegengesetzter Richtung durchbiegt und so einen Ausgleich schafft. Spannungen in Gußstücken können durch Glühen ausgeglichen werden, sofern die Größe der Stücke das zuläßt. Es muß dabei recht langsam angewärmt und abgekühlt werden (s. auch S. 47).

Das Lunkern. Der Lunker ist ein entfernter Verwandter der Schwindung. Immer dort, wo das Eisen am längsten warm bleibt, besteht die Gefahr, daß sich ein Lunker bildet, d. i. ein Hohlraum, dessen Wände mit Kristallen besetzt sind. In günstigeren Fällen kann man die Ansätze zur Lunkerbildung erkennen. Grauguß mit niedrigem C- und niedrigem Si-Gehalt neigt zu Lunkerbildung, auch hoher Schwefelgehalt begünstigt sie. Der Gießer hilft sich gegen Lunker u. a. durch Einsetzen von Kühleisen an Stellen starker Stoffansammlung. Auch Steiger und Köpfe sollen den Schaden des Lunkers verhüten, indem sie dafür sorgen, daß der Hohlraum mit frischem, flüssigem Eisen gefüllt, bzw. höher an Stellen verlegt wird, die außerhalb des eigentlichen Gußstückes liegen, in den „verlorenen Kopf".

Das Seigern. Es wird darunter eine Entmischung bzw. Abscheidung einer oder mehrerer Legierungsbestandteile verstanden. Bei Grauguß ist die Erscheinung seltener, so daß hierauf nicht näher eingegangen zu werden braucht.

E. Die Anwendung der Metallographie.

Die Anwendung der Metallographie [1] in der Eisengießerei hat die bis dahin angenommenen Einflüsse der verschiedenen Kohlenstofformen auf die Eigenschaften des Graugusses nicht nur bestätigt, sondern darüber hinausgehend einen tieferen Einblick in den Gefügeaufbau gegeben. Es war längst bekannt, daß das Gefüge bei verschiedenen Wanddicken trotz gleichbleibender Zusammensetzung verschieden ausfiel: daß bei dicken Wandungen infolge stärkeren Ausscheidens des Graphits ein gröberes Korn entsteht, daß bei Verringerung der Wanddicke der Bruch feinkörniger und bei dünnem Querschnitt, besonders bei abgeschrecktem Guß, weiß wird, ein Beweis, daß der gebundene Kohlenstoff vorherrscht und kein Graphit ausgeschieden wird.

Nach Schleifen, Polieren und entsprechendem Ätzen eines Bruchstückes erkennt man im Mikroskop unter starker Vergrößerung deutlich den Gefügeaufbau und kann daraus schließen, welche Maßnahmen zu ergreifen sind, um gewünschte Eigenschaften im Guß zu erzielen.

---

[1] Vgl. Werkstattbuch Heft 64: Mies, Metallographie.

Die einzelnen Gefügebildner. *Ferrit.* Den Grundstoff, sozusagen das Bett, in dem der freie oder gebundene Kohlenstoff und die anderen Beimengungen lagern, also das reine (kristallinische) Eisen, bezeichnet man in der Metallographie mit *Ferrit.* Es erscheint im Schliffbild (Abb. 4) weiß und ist empfindlich gegen das Ritzen mit der Nadel; es ist ein weicher Körper.

Graphit, das ist reiner Kohlenstoff, ist im Ferritgefüge in Form von Blättchen, Adern, Punkten eingelagert. Es ist ohne weiteres zu erkennen, daß eine Ausscheidung des Graphits in breiten Adern (Abb. 5), also den Guß stark unterbrechend, die Festigkeit eines Gußstückes erheblich mindern muß. Eine gleichmäßige Verteilung derselben Menge Graphit wird die Festigkeit schon beträchtlich erhöhen. Denn es ist einleuchtend, daß eine Unterbrechung des Grundgefüges in fein verteilter, nicht zusammenhängender Form sich viel günstiger verhalten wird (Abb. 6).

× 100 × 100

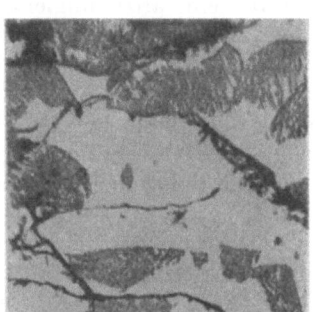 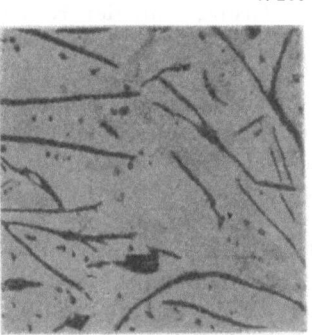

Abb. 4. Ferrit.   Abb. 5. Grober Graphit.

Temperkohle. Ebenso wie Graphit, der von Temperkohle chemisch nicht zu unterscheiden ist, besteht die Temperkohle aus reinem Kohlenstoff. Unter dem Mikroskop erkennt man auf dem eingeätzten Schliff (Abb. 7) die Temperkohle als schwarze Nester von rundlicher Form.

× 100 × 100

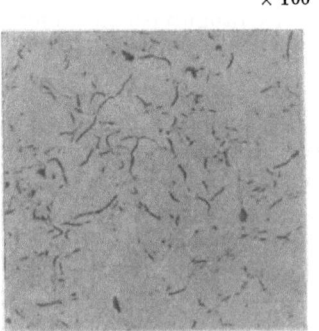 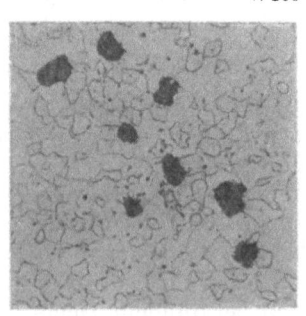

Abb. 6. Fein verteilter Graphit.   Abb. 7. Temperkohle.

Zementit. Die Eisenkohlenstoffverbindung Eisenkarbid nach der Formel Fe_3C wird in der Metallographie Zementit genannt. Er ist von großer Härte, wird von den zur Ätzung verwendeten Säuren kaum angegriffen und bleibt für das Auge weiß wie Ferrit. Dem geübten Auge entgeht trotzdem nicht der Unterschied zwischen Ferrit und Zementit (Abb. 8). Sollte das doch einmal der Fall sein, so wird die Ritznadel keinen Zweifel lassen: Zum Unterschied von Ferrit ist Zementit mit der Nadel nicht angreifbar.

Ledeburit (Abb. 9) ist ein Eutektikum aus Mischkristallen und Eisenkarbid mit einem Kohlenstoffgehalt von 4,2%. Beim Ätzen mit Säuren werden nur die Mischkristalle angegriffen und erscheinen dadurch unter dem Mikroskop dunkel, während der Zementit weiß bleibt. Bei einem geringeren C-Gehalt treten im Gefüge freie Mischkristalle, bei einem größeren C-Gehalt freie Zementitkristalle neben dem Eutektikum auf. Ledeburitisch ist das Gefüge von weißem Roheisen und Hartguß.

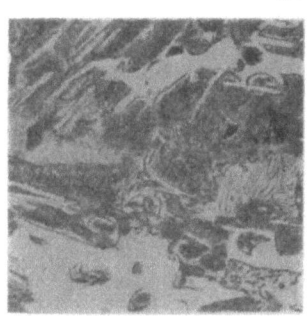
× 400

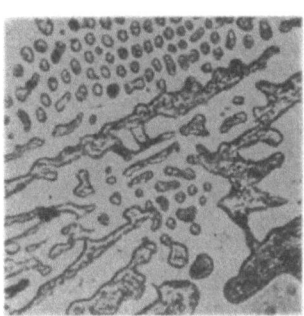
× 400

Abb. 8. Zementit.   Abb. 9. Ledeburit.

Perlit. Das im allgemeinen wünschenswerteste Gefüge von Ferrit und Zementit, in dem der Zementit am feinsten und gleichmäßigsten im Ferrit gelagert ist, heißt Perlit (Abb. 10). Es ist ein eutektoides Gemenge von Zementit und Ferrit (mit einem C-Gehalt von 0,9%), die sich meist in Form von Streifen — lamellarer Perlit im Gegensatz zu körnigem Perlit — abscheiden. Beim Ätzen mit Säuren wird Ferrit herausgelöst, während die Zementitstreifen stehen bleiben.

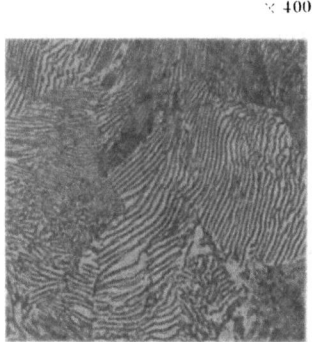
× 400

× 400

Abb. 10. Perlit.   Abb. 11. Phosphideutektikum.

Phosphideutektikum (Abb. 11), auch Steadit genannt, besteht aus Eisen, Phosphor und Kohlenstoff mit einem P-Gehalt von 6,9%. Es erscheint nach dem Ätzen in begrenzter Fläche, die gleichmäßig verteilte Punkte enthält.

Allgemeines über Herstellung der Schliffe und Entwicklung der Gefügebilder. Für die Herstellung der Schliffe und Entwicklung der Gefügebilder sind folgende Angaben von KLINGENSTEIN [1] bemerkenswert:

---

[1] Gußeisentaschenbuch von Dr. TH. KLINGENSTEIN.

Man verwende keine zu großen Versuchsstücke, damit man sie beim Schleifen und Polieren leicht handhaben kann; eine Fläche von etwa 5 cm² ist hinreichend. Wenn sich der Untersuchungswerkstoff bearbeiten läßt, schneidet man Scheiben von 10 bis 15 mm Dicke heraus. Die zur Untersuchung abgetrennten Stücke feilt oder hobelt man eben und schmirgelt dann an der geraden Seitenfläche einer groben Schmirgelscheibe. Dann werden sie an einer Schleifbank weiter geschliffen und schließlich poliert. Als Polierscheibe verwende man eine mit gutem Tuch bespannte Scheibe. Zum Polieren dient in Wasser aufgeschlämmte Tonerde, die für diesen Zweck in drei verschiedenen Körnungen im Handel ist. Der Schliff wird mit Wasser gut abgespült, kurze Zeit in Alkohol gelegt und dann durch leichtes Betupfen mit weichem Filtrierpapier vollends getrocknet.

In den wenigsten Fällen kann der Schliff nach dem Polieren unmittelbar zur Beobachtung herangezogen werden, doch soll man grundsätzlich jeden Schliff zuerst ungeätzt betrachten, weil man so fremde Einflüsse, wie Schlacke und Oxyde, meist sofort erkennen kann. Man erhält auch einen besseren Überblick über die Graphitverteilung und Sulfideinschlüsse. Der Graphit erscheint im ungeätzten Schliff in Form von schwarzen Adern auf weißem Grunde, während die Sulfide als kleine blaugraue Einschlüsse von rundlicher Form zu erkennen sind.

Zur Entwicklung des Gefüges werden die Schliffe mit chemischen Mitteln behandelt: sie werden geätzt. Die Ätzwirkung kann darin bestehen, daß die verschiedenen Gefügebestandteile verschieden stark angegriffen werden oder daß sich durch die Reaktion des Ätzmittels mit dem Schliff Niederschläge bilden oder daß nur einzelne Bestandteile des Gefüges gefärbt werden. Zu beachten ist, daß die Schliffe vor dem Ätzen vollkommen fettfrei sein müssen, um Fehlätzungen zu vermeiden. Für die Untersuchung von Eisenlegierungen kommen in der Hauptsache nur die folgenden Ätzmittel in Frage:

Für die mikroskopische Betrachtung bewährt sich die Ätzung der Eisenschliffe mit Pikrinsäure in alkoholischer Lösung. Verwendet wird eine Lösung von 4 g Pikrinsäure in 100 cm³ Alkohol. Die Ätzdauer ist ziemlich kurz, etwa 10 s bei weichen Eisengattungen.

Alkoholische Salzsäure wirkt ähnlich wie Pikrinsäure, nur ist die Ätzdauer länger. Sie schwankt zwischen 3 und 10 min. Eben wegen dieser längeren Dauer wird die alkoholische Salzsäure von manchen Seiten der Pikrinsäure vorgezogen, weil man die Ätzung besser beherrschen kann. Für rasches Arbeiten dürfte aber Pikrinsäure vorzuziehen sein. Als Lösung verwendet man 1 cm³ Salzsäure (1,19) in 100 cm³ Alkohol.

Zum Nachweis von Eisenkarbid (Zementit) in den Schliffen ätzt man mit Natrium-Pikratlösung, die folgendermaßen hergestellt wird: Man löst 2 g Pikrinsäure in 75 cm³ Wasser und 25 g Natrium-Hydroxyd, gießt die über dem Niederschlag stehende Flüssigkeit ab und bewahrt sie in einer dunklen Flasche auf. Geätzt wird bei ungefähr 100°, am besten auf dem Wasserbad. Ätzdauer 3 bis 5 min.

Beachtet muß werden, daß die Karbidteile nur dann dunkel gefärbt werden, wenn ihre Oberfläche nicht zu klein ist; im Perlit z. B. werden die Zementitlamellen nicht gefärbt. Außerdem wird darauf hingewiesen, daß das Phosphideutektikum (Steadit) ebenfalls dunkel gefärbt wird.

Für manche Untersuchungen leistet das Anlassen der Schliffproben gute Dienste. Man kann z. B. durch Anlassen das Phosphideutektikum vom Eisenkarbid unterscheiden, da beim Anlassen das Karbid schon rötlich ist, während das Phosphid noch gelb erscheint. Der Schliff wird vor dem Anlassen leicht angeätzt, damit nachher die Gefügebestandteile scharf begrenzt erscheinen.

Angelassen wird in der Weise, daß man den Schliff auf eine Eisenplatte legt, die von unten durch einen Bunsenbrenner erhitzt wird. Auf der polierten Fläche des Schliffes, die nach oben sieht, kann man die Anlaßfarben sehr gut beobachten. Sobald die gewünschte Farbe erscheint, nimmt man den Schliff mit einer Zange rasch weg und schreckt ihn in Wasser oder Quecksilber ab, muß aber dafür Sorge tragen, daß die Schlifffläche nicht benetzt wird.

Um *Schwefelseigerungen* nachzuweisen, verfährt man folgendermaßen: Man legt ein Stück Bromsilberpapier, wie es zum Photographieren benutzt wird, in eine Schale, die verdünnte Schwefelsäure (1 Teil Schwefelsäure auf etwa 60 Teile Wasser) enthält und beläßt es dort, bis es gut vollgesogen ist. Dann nimmt man das Papier heraus, läßt den Überschuß der Säure abtropfen, legt es auf eine glatte Unterlage (Glasscheibe) mit der Schicht nach oben und bringt den Schliff darauf. Nach etwa 10 s entfernt man ihn wieder vom Papier und hat dann an den Stellen, an denen eine Sulfidanreicherung im Schliff vorhanden war, eine Schwärzung des Bromsilberpapiers.

Das Papier wird dann in einem gewöhnlichen Fixierbad ausfixiert, um es haltbar zu machen.

Als Grundsatz gilt, daß man beim Arbeiten am Mikroskop immer zuerst schwache Vergrößerungen anwendet, um einen Überblick über das Gefüge zu bekommen, und erst dann mit stärkeren Vergrößerungen beobachtet. Man geht mit der Vergrößerung nur so weit, bis die Gefügebestandteile genügend aufgelöst sind. Die Beurteilung eines Schliffes nur bei starken Vergrößerungen ist schon aus dem Grunde nicht einwandfrei, weil man ja nur einen ganz kleinen Bruchteil des Gefüges tatsächlich zu sehen bekommt und es schwierig ist, einen Schliff abzusuchen, ohne daß man irgendwo örtliche Unregelmäßigkeiten übersieht.

Der Gang einer mikroskopischen Untersuchung ist also folgender:
1. Herstellung des Schliffes.
2. Beobachtung des ungeätzten Schliffes auf fremde Einschlüsse oder Graphitverteilung bei schwacher Vergrößerung.
3. Entwicklung des Gefüges durch Ätzen. Liegt Verdacht auf Seigerungen vor, so ätzt man mit Kupferammonchlorid. In diesem Falle beobachtet man mit höchstens 5facher Vergrößerung.
4. Beobachtung am Mikroskop zuerst bei schwacher Vergrößerung zum Überblick, dann geht man zu stärkeren Vergrößerungen über.

Vom Deutschen Normenausschuß sind bestimmte Vergrößerungen festgelegt worden, die nach Möglichkeit einzuhalten sind: 40-, 80-, 100-, 150-, 200-, 300-, 400-, 600-, 800-, 1200fach.

Überhaupt ist es zweckmäßig, bei der Untersuchung gleichen oder ähnlichen Werkstoffes jeweils dieselben Vergrößerungen zu benutzen, damit man ohne weiteres vergleichen kann.

Metallographie und Perlitguß. Als erster hat vor etwa 40 Jahren Prof. Dr. P. GOERENS † auf die Bedeutung der perlitischen Komponente im Grauguß hinsichtlich Festigkeit und Verschleißeigenschaften hingewiesen. Aber erst durch die von SIPP und DIEFENTHÄLER entwickelten Verfahren gelang es erstmalig, einen Grauguß zu erzeugen, der vollkommen perlitisch war unter Ausschluß von Ferrit einerseits und Karbid andererseits. Die Originalität dieser Arbeiten wurde zwar viel angefochten. Es bleibt aber in jedem Falle die Tatsache, daß durch die Arbeiten der obengenannten Forscher die Fachwelt außerordentlich wertvolle Impulse für die wissenschaftliche Durchforschung des Graugusses erfahren hat. Vor allem wurden die LANZschen Verfahren weitergeführt durch die betriebssichere Stahlschrottverschmelzung nach K. EMMEL (1922/24) und die Einführung der

Schmelzüberhitzung durch E. PIWOWARSKY im Jahre 1925/26. Während die LANZschen Verfahren darauf beruhten, mit geringerer Summe C + Si zu arbeiten und die Gießform vorzuwärmen, gelingt es heute auch ohne Vorwärmung der Gießform, durch exakte Gattierung, Schmelzführung und geeignete Gießmethoden ein vorwiegend perlitisches Gußeisen zu erzeugen.

IV. Das Schmelzen.
A. Der Gießereischachtofen.

Der Gießereischachtofen (Kupolofen)[1] ist der führende Schmelzofen der Eisengießerei, die Anzahl der Schachtofenanlagen übertrifft infolge der mengenmäßigen Überlegenheit der Gußgußerzeugung die aller übrigen Schmelzöfen mit Einschluß der Schmelzanlagen der Stahl- und Tempergießereien um mehr als das 10fache.

Der Ofen besteht aus dem von einem Blechmantel umschlossenen zylindrischen Schacht aus feuerfestem Mauerwerk oder feuerfester Stampfmasse. Im unteren Teil des Ofenschachtes befinden sich die Düsen für die Windzuführung — die Windformen — sowie die Öffnungen für den Eisen- und Schlackenabstich nebst der Reinigungstür und Bodenklappe. Am oberen Ende ist die Gichtöffnung zum Einbringen der aus dem Schmelzgut, dem Brennstoff und dem Zuschlag zur Schlackenbildung bestehenden Beschickung angebracht. Oberhalb derselben geht der Schacht in eine Funkenkammer oder einen Schornsteinaufsatz über. Abb. 12 u. 13 zeigen die beiden Grundformen des Gießereischachtofens, den Ofen ohne Vorherd und den Ofen mit Vorherd, welche in den Schachtabmessungen keine Unterschiede aufweisen. Vom Vorherd wird abgesehen, wenn es sich um besonders heiß zu vergießenden dünnwandigen Guß handelt und auch der im Vorherd unvermeidliche Temperaturabfall von 60 bis 80° C nicht tragbar ist. Der Vorherd ist anzu-

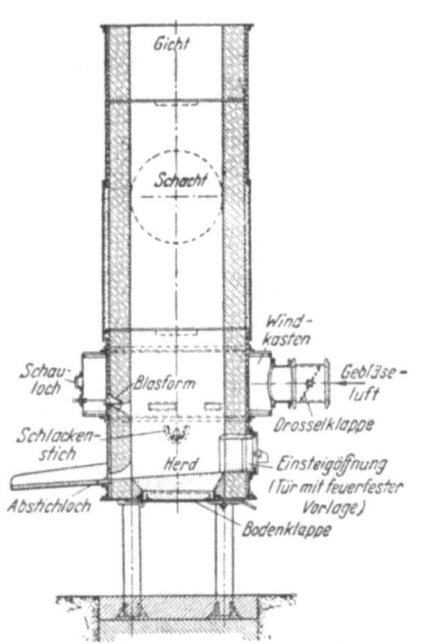

Abb. 12. Gebräuchlicher Gießerei-Schachtofen (DURLACH).

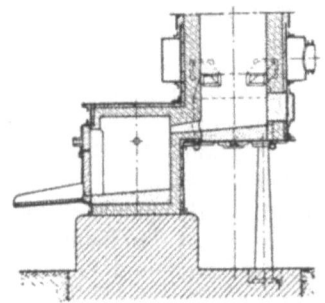

Abb. 13. Gießerei-Schachtofen mit Vorherd (GUTMANN).

---

[1] Die Bezeichnung „Kupolofen" ist fälschlicherweise von dem englischen „cupola furnace" übernommen worden, einem dem Backofen nachgebildeten Flammofen mit gewölbter Decke, in dem der Gießermeister JOHN WICKINSON um das Jahr 1765 als erster die Erzeugung eines „Eisen zweiter Schmelzung" aus Roheisen und Gießabfällen vornahm. Die Beibehaltung dieser Bezeichnung für den ganz anders gearteten Schachtofen ist sinnlos.
Vgl. Werkstattbuch Heft 10: MEHRTENS, Der Gießereischachtofen im Aufbau und Betrieb.

Der Gießereischachtofen. 23

wenden, wenn es darauf ankommt, seine Vorteile für gleichbleibende Gußgattungen in vollem Umfange auszunutzen; das sind Gleichmäßigkeit des Schmelzgangs infolge des ununterbrochenen Eisen- und Schlackenablaufs aus dem Schacht, Gleichmäßigkeit der Badtemperatur infolge des Wärmeausgleichs der um so viel größeren Eisenmenge im Vorherd, dessen Füllung mit etwa 60 bis 70% der Stundenschmelzung des Ofens bemessen wird, und schließlich Verringerung der beim Schlackenabziehen aus dem Schacht durch mitgerissene Schlackeneisen und Spritzeisen entstehenden Schmelzverluste.

Die im Laufe der fast hundertjährigen Geschichte des Gießereischachtofens entstandenen Abwandlungen in der Bauweise und unterschiedlichen Bemessungen der Bau- und Betriebsgrößen, insonderheit die Vielzahl der Größenstufen sind im Zeichen der zunehmenden Rohstoffverknappung der gegenwärtigen Zeit nicht mehr vertretbar. Sie haben zwangsläufig zu einer Neuausrichtung des Schachtofenbaus nach werkstofflichen und betriebswirtschaftlichen Gesichtspunkten geführt, die im *Normblatt DIN 6920* ihren Niederschlag gefunden hat. Die einschneidendste Maßnahme derselben bildet die Stufenbegrenzung der Baugrößen des Ofens mit Festlegung der Abmessungen des Schachtmantels in Angleichung an die Walzbreiten der Bleche und Beschränkung der Dicke des Ofenfutters auf das technisch und wirtschaftlich gebotene Maß. Das Normblatt, aus welchem Tabelle 9 und Abb. 14 entnommen sind, entstand in Gemeinschaftsarbeit zwischen der Fachgruppe Gießereimaschinen, der Wirtschaftsgruppe Gießereiindustrie, dem Verein deutscher Gießereifachleute und dem Deutschen Normenausschuß [1].

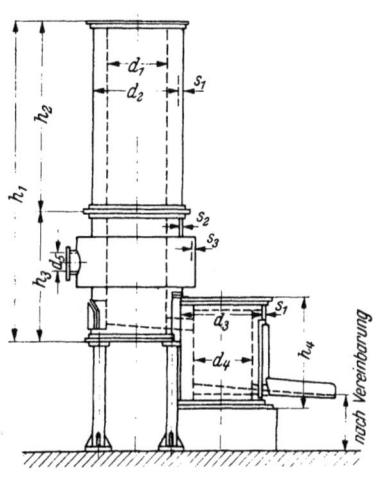

Abb. 14 (zu Tabelle 9).

Tabelle 9. Gießereischachtöfen für Grauguß und Temperguß, Leistungsstufen, Haupt- und Anschlußmaße[3]. DIN 6920.

Nennleistung t/std [1] mindestens	Ofen								Vorherd			Windleitung	Windmenge [2]
	Lichter Schachtdurchmesser d_1	Lichter Manteldurchmesser d_2	Gesamthöhe h_1	Höhe des Oberteiles h_2	Höhe des Unterteiles h_3	Blechdicke			Lichter Manteldurchmesser d_3	Innendurchmesser d_4	Höhe h_4	Innendurchmesser d_5	
						s_1	s_2	s_3					m³/min
1	500	900	3750	2500	1250	5	6	4	1000	600	1300	200	15
2	600	1000	4250	3000	1250	5	6	4	1200	800	1400	250	30
4	800	1200	4500	3000	1500	6	8	4	1500	1000	1600	300	60
6	1000	1500	5000	3000	2000	8	10	5	1800	1200	1700	350	90
9	1200	1800	6000	4000	2000	8	10	5	2000	1400	1800	400	135
12	1400	2000	6500	4500	2000	8	10	5	2200	1600	1800	450	180

[1] Die Nennleistung bezieht sich auf Erzeugung von Grauguß bei einem Koksverbrauch von etwa 10%, bezogen auf gesetztes Eisen.
[2] Wirklicher Bedarf bei einem Koksverbrauch von 10%, bezogen auf gesetztes Eisen. Die angegebenen Windmengen sind Betriebswerte, welche die betriebsmäßig bedingten Verluste einschließen. Die Gebläseleistung beträgt bei kleinen Öfen etwa 130% und bei größeren etwa 120% der Windmenge.
[3] Maßgeblich ist die neueste Ausgabe des Normblattes. Zu beziehen vom Beuth-Vertrieb, Berlin W 15 u. Krefeld-Uerdingen.

---

[1] Die Gießerei, 30. Jg., 1943, Heft 10/11, S. 133/134.

24   Das Schmelzen.

Dargestellt ist ein Gießereischachtofen mit Vorherd. Gießereischachtöfen werden in gleichen Abmessungen auch ohne Vorherd ausgeführt. Für Stahlwerks-Schachtöfen und sonstige Sonderzwecke sind andere Abmessungen zulässig, ratsam ist jedoch eine Anpassung an obige Werte.

Der nutzbare Vorherdinhalt beträgt 0,6 bis 0,7 der Nennleistung.

Flanschen für Windleitung nach DIN 2640.

B. Der Schmelzkoks und die Zuschläge.

Der Schmelzkoks. Als Brennstoff für den Schachtofenbetrieb kommt in Deutschland nur Schmelzkoks in Frage, und zwar in erster Linie rheinisch-westfälischer und niederschlesischer. Schmelzkoks muß großstückig, dicht, fest und schwer entzündbar sein und soll einen möglichst geringen Schwefel- und Aschegehalt haben. Poröser und unfester Koks kann weder dem Aufwerfen der Eisengichten im Schachtofen standhalten, noch eine gute Schmelzleistung hervorbringen, da er unvollkommen verbrennt. Leicht entzündlicher Koks verbrennt vorzeitig, während er erst in der Schmelzzone verbrennen soll. Aus diesem Grunde ist ein gewisser Wassergehalt, der allerdings nicht als Koksgewicht bezahlt werden darf, nicht unerwünscht. Der Schwefelgehalt spielt beim Gießereikoks eine sehr erhebliche Rolle, da Schwefel vom Eisen begierig aufgenommen wird und 30% des Koksschwefels ins Eisen übergehen.

Durchschnittsanalysen von westfälischem Gießereikoks ergaben etwa 85% Kohlenstoff, 10% Asche, 1,10% Schwefel und 3 bis 4% Feuchtigkeit als Mittelwerte. Der Heizwert eines guten Schmelzkokses soll wenigstens 7000 WE betragen.

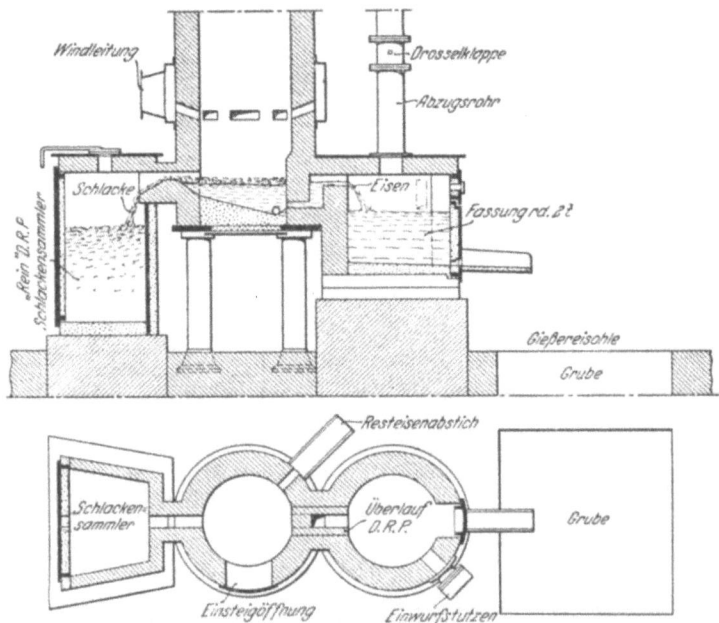

Abb. 15. Entschweflungsvorherd und Schlackensammler.

Der Zuschlag. Um aus der Koksasche und den am Roheisen haftenden Sandkörnern eine leichtflüssige Schlacke zu bilden, ist ein Zuschlag von Kalkstein zu jeder Eisen- und Koksgicht und auch beim Füllkoks erforderlich. Die Höhe dieses

Kalksteinzuschlages soll 20 bis 30% des Koksgewichtes betragen. Es ist darauf zu achten, daß der Kalkstein möglichst frei von fremden Bestandteilen ist. Auch Flußspat wird häufig als Zuschlag beigegeben; ihn ausschließlich zu verwenden, ist nicht ratsam, da er das Ofenfutter stark angreift und die entstehende Flußsäure den Pflanzenwuchs der Umgebung zerstört.

Die unmittelbare Entschwefelung im Schachtofen selbst ist durch den Kalksteinzuschlag nicht durchführbar. Eine wirksame Entschwefelung der Eisenschmelze läßt sich nur in einem von der sauren Ofenschlacke befreiten und genügend überhitzten blanken Eisenbad in einem basisch zugestellten Vorherd unter Bildung einer neuen alkalischen Schlacke durchführen. Dies zuerst erkannt und in die Praxis umgesetzt zu haben, ist das unbestrittene Verdienst des Hüttenmanns WALTER. Dieser hat im Verein mit den Gießereifachleuten LUYKEN und REIN in dem in Abb. 15 wiedergegebenen *Gießereischachtofen mit Schlackenabscheider* die Baugrundlage für den sogenannten „*Entschwefelungsvorherd*" geschaffen, die für alle Nachschöpfungen dieser Art richtunggebend geblieben ist. Im Vorherd werden die WALTERschen *Alkali-Entschweflungspakete* zugesetzt, welche im wesentlichen aus Soda bestehen und neben der Entschweflung der Schmelze eine wirksame Entgasung des Bades durch Zerlegung der FeO-Einschlüsse zustande bringen.

C. Das Schmelzverfahren im Gießereischachtofen.

Im Gegensatz zum Hochofen, in dem das Erz reduziert — Eisen vom Erz getrennt — und das Eisen gekohlt wird, soll im Gießereischachtofen der Einsatz chemisch nicht verändert, sondern nur umgeschmolzen werden und der Brennstoff nur zur Wärmeerzeugung dienen. Das Bestreben geht also dahin, mit einer gewissen Brennstoffmenge die ihrer Verbrennungswärme entsprechende Menge Eisen zu verflüssigen und zu überhitzen. Dazu ist aber nötig, daß der Brennstoff möglichst vollständig zu Kohlensäure verbrannt wird und die Abgase wenig Kohlenoxyd enthalten. 1 kg Kohlenstoff zu Kohlendioxyd (Kohlensäure) verbrannt, erzeugt etwa 8080 WE, 1 kg Kohlenstoff zu Kohlenoxyd verbrannt, nur etwa 2400 WE. Brennstoffmenge und Windmenge in das richtige Verhältnis zu bringen, ist ein Haupterfordernis zur Erzielung eines heißen flüssigen Eisens, und dieses wieder eine Hauptbedingung zur Erreichung eines guten und dichten Gusses. Mattes Eisen kann oftmals mehr Schaden anrichten als Fehler in der Zusammensetzung. Vielfach sind schlecht arbeitende Öfen Ursache ständigen Ausschusses, während in Unkenntnis dieser Dinge die Schuld bei der Zusammensetzung des Eisens gesucht wird.

Es ist daher auch falsch, am *Schmelzkoks* allzu sehr sparen zu wollen, aber noch unrichtiger zu glauben, daß übermäßige Koksmengen das Eisen etwa heißer machen: das Gegenteil ist der Fall. Die übliche Satzkoksmenge beträgt 10% des Eisengewichts. Diese Ziffer enthält einen reichlichen Sicherheitszuschlag zum Ausgleich der unvermeidlichen Ungleichmäßigkeiten beim Verwiegen der Koks- und Eisengichten.

Der **Windbedarf** des Schachtofenschmelzens ist eindeutig bestimmt durch den Sauerstoffbedarf für die Verbrennung des Kokskohlenstoffs und Koksschwefels sowie für den Abbrand an Eisen und Eisenbegleitern. Die Bemessung der Windmenge erfolgt nach der Grundgleichung $W = \frac{k\,\lambda}{6} S$ m³/min [1], nach der auch die Tafelwerte des Normenblattes DIN 6920 festgelegt worden sind. Hierin bedeuten k den Kokseinsatz in %, λ den auf die Gewichtseinheit von 1 kg Koks umgerechneten Gesamtluftbedarf für die vorstehend genannten Verbrennungsvorgänge, W die am Ofen gemessene Windmenge in m³/min und S die Schmelzleistung (Durch-

---

[1] ACHENBACH, Der Gießereischachtofen. S. 111. Leipzig: Verlag Dr. Max Jaenecke.

satz) in t/h. Mit den Werten $k = 10\%$ und $\lambda = 9$ m³/kg Koks ergibt sich ein Luftbedarf $L = \dfrac{k\,\lambda}{6} = 15$ m³/min je t/h.

Die **Gebläseleistung** wird durch einen Zuschlag zur Windmenge zum Ausgleich der Verluste durch Undichtigkeiten und Strömungswiderstände in der Windleitung bestimmt, dessen Höhe mit 30% bei den kleinen und 20% bei den großen Öfen bemessen wird.

Dem **Winddruck** kommt nicht die Bedeutung zu, die ihm früher beigemessen wurde und auch heute noch vielfach zugesprochen wird, indem man von der irrigen Ansicht ausgeht, daß der Winddruck als Treibkraft erforderlich sei, um den Gebläsewind durch die Beschickungssäule hindurchzudrücken. Diese Auffassung steht mit den dynamischen Grundgesetzen in Widerspruch. Die einzige Kraftquelle zur Überwindung der Stoß- und Reibungswiderstände im Kanalabyrinth der Zwischenräume zwischen den Füllkoksstücken ist die dem Windstrom vom Gebläse erteilte *Bewegungsenergie*. Deren Größe wird von der Windmenge und Windgeschwindigkeit bestimmt, hat dagegen mit dem Winddruck nichts zu tun. Nichtsdestoweniger bildet die *Winddruckmessung* ein wertvolles Anzeigeverfahren für den Stand und etwaige Schwankungen der Windzufuhr zum Schacht. Eine unmittelbare Rückschlußmöglichkeit aus der Winddruckhöhe auf die mengenmäßige Windförderung besteht nicht.

Als **Gebläsemaschinen** für den Schachtofenbetrieb kommen Kreiselgebläse (Ventilatoren) oder Drehkolbengebläse (Kapselgebläse) zur Verwendung. Das *Kreiselgebläse* wird zu Unrecht Turbinengebläse genannt, da es nur ein einfaches Flügelrad mit rückwärtsgekrümmten Schaufeln ohne Leitschaufeln besitzt. Die Förderwirkung beruht auf der Umfangsgeschwindigkeit des Schaufelrades und ist infolgedessen gegen Druckschwankungen außerordentlich empfindlich. Diese haben ein Absinken der Förderleistung oder Überlasten des Antriebsmotors (Durchgehen) im Gefolge, so daß das Gebläse der ständigen Wartung und Verstellung der Drehzahl bedarf. Das *Drehkolbengebläse* fördert zwangsläufig und gewährleistet bei gleichbleibender Drehzahl unabhängig von Druckschwankungen die gerade beim Schachtofenbetrieb unentbehrliche Gleichmäßigkeit der Windzufuhr. Die als Folge der periodischen Luftförderung am Saugstutzen auftretenden Luftstöße werden durch Anordnung einer Sauggrube oder Einbau von Schalldämpfern zum Verschwinden gebracht.

Das Ofenfutter. Für den glatten Verlauf des Schmelzens ist es wichtig, daß die *Ausmauerung* bzw. *Ausstampfung* des Ofeninnern immer einwandfrei imstande ist. Das Ausstampfen ist dem Ausmauern vorzuziehen, schon weil sich an einem ausgestampften Futter die täglichen Ausbesserungen zuverlässiger durchführen lassen als an einem ausgemauerten. Wie mit engsten Fugen ausgemauert werden muß, so muß auch möglichst fest aufgestampft werden, da eine lockere Auskleidung die Widerstandsfähigkeit gegen Feuer und mechanische Beanspruchung abschwächt. Es muß deshalb mit Preßluftstampfern gearbeitet werden. Es empfiehlt sich auch, in der aufgestampften Wandung Luftabführungen vorzusehen.

Ausgebranntes Ofenfutter gibt Anlaß zum „Hängen" des Ofens, indem der Eiseneinsatz, namentlich wenn er die Grenze für zulässige Stückgrößen erreicht oder gar überschreitet, beim Niedergehen der Gichten an den Futterausfressungen fest und der Ofengang gestört wird. Ist es schon ohne eine solche Störung nicht leicht, im Gießereischachtofen die gleichen Bedingungen für die erforderlichen günstigsten Verhältnisse zwischen Luft, Brennstoff und Schmelzstoff aufrecht zu erhalten, so muß ein Hängenbleiben der oberen Gichten auf Zusammensetzung und Temperatur des flüssigen Eisens erst recht von schädlicher Wirkung sein, wenn es nicht gar das Schmelzen unterbricht. Weder zu sperrige Stücke dürfen aufgegeben werden noch zu kleine, die den Ofen zudecken und der Luft bzw. den Gasen den nötigen Abzugsquerschnitt versperren. Die Koksstücke sollten im Ofen faustgroß sein; da sie aber von dem Einwerfen der Eisenstücke ohnehin zerkleinert werden, müssen sie wesentlich großstückiger aufgegeben werden. Schließlich kommt noch der Zustellung des Stichloches besondere Bedeutung zu. Eine unsachgemäße Behandlung hat schon oft zu Betriebsstörungen Anlaß gegeben.

D. Sonstige Schmelzöfen.

In der Eisengießerei hat der Gießereischachtofen als Schmelzofen die führende Rolle, seine Anpassungsfähigkeit an den jeweiligen Umfang der Erzeugung und an die Bedürfnisse der Fertigung wird von keinem anderen Schmelzofen erreicht.

Tiegelöfen kommen für das Einschmelzen von Gußeisen kaum in Frage; ihr Betrieb, besonders der Brennstoffverbrauch, ist viel zu unwirtschaftlich.

Der **Gießereiflammofen** ist ein einfacher Herdofen mit vorgebautem Rost, auf dem eine langflammige Steinkohle mit natürlichem Zug verbrannt wird (Abb. 16).

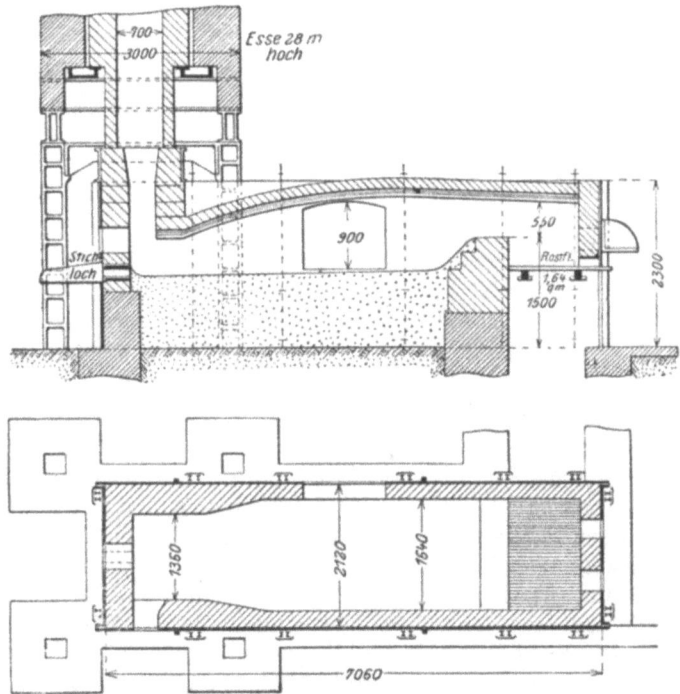

Abb. 16. Gießereiflammofen.

Die über das Schmelzgut hinwegstreichende Flamme gibt ihre Wärme an den Einsatz und die Ofenwände ab (daher der Name), die Heizgase gehen durch einen Fuchs unmittelbar in den Schornstein. Ein Vorzug des Flammofens besteht in der Möglichkeit des Einschmelzens von schwer zu zerkleinernden Gußbruchstücken, z. B. Walzen. Seiner *metallurgischen* Vorteile wegen findet er vor allem in den Walzengießereien des Siegerlandes Verwendung. Der Ofeneinsatz beträgt bis zu 45 t, der Brennstoffverbrauch 35 bis 40% des Einsatzes, die Schmelzdauer etwa 12 Stunden. Das Erzeugnis ist ein reiner, graphitarmer und niedrig gekohlter Grauguß von hohen Gütegraden und niedrigen Si- und Mn-Gehalten mit besonderer Eignung für Walzen und Walzenständer.

In den letzten Jahren ist besonders dem *Ölflammofen* das Wort geredet worden. Man will in ihm das Schmelzbad überhitzen, um so die Güte des Gusses zu verbessern. Einen nennenswerten Eingang in den Eisengießereibetrieb hat sich diese Ofenart nicht zu verschaffen vermocht; der mit so großen Hoffnungen aufgenommene vereinigte Ölflammschachtofen hat nicht gehalten, was man sich von ihm versprach.

Elektrische Schmelzöfen (Abb. 17) werden in der Eisengießerei im Duplexverfahren mit dem Gießereischachtofen zur Güteverbesserung von Grauguß verwendet,

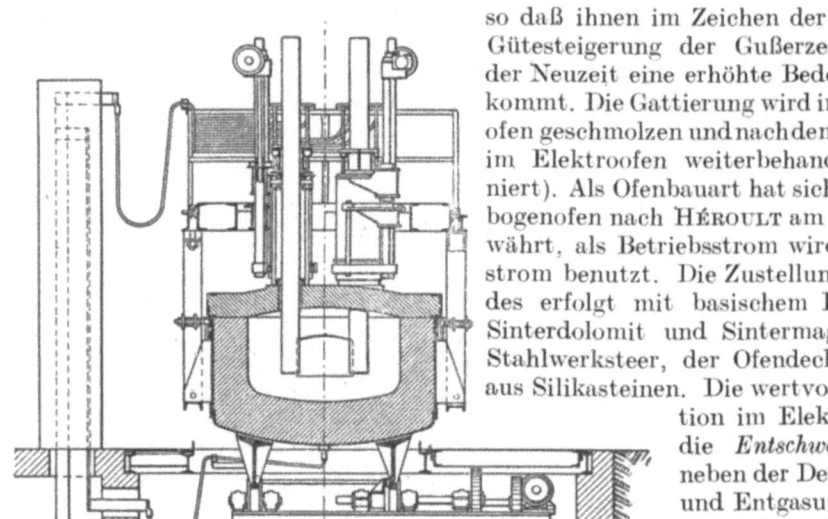

Abb. 17. Elektroofen.

so daß ihnen im Zeichen der ständigen Gütesteigerung der Gußerzeugnisse in der Neuzeit eine erhöhte Bedeutung zukommt. Die Gattierung wird im Schachtofen geschmolzen und nach dem Umfüllen im Elektroofen weiterbehandelt (raffiniert). Als Ofenbauart hat sich der Lichtbogenofen nach HÉROULT am besten bewährt, als Betriebsstrom wird Wechselstrom benutzt. Die Zustellung des Herdes erfolgt mit basischem Futter aus Sinterdolomit und Sintermagnesit mit Stahlwerksteer, der Ofendeckel besteht aus Silikasteinen. Die wertvollste Reaktion im Elektroofen ist die *Entschweflung*, die neben der Desoxydation und Entgasung des Bades den *Hauptzweck* der Nachbehandlung der Schmelze bildet [1]. Voraussetzung ist eine redu-

zierende, stark basische Schlacke aus Kalziumoxyd mit Zusätzen von Flußspat und Kohlepulver zur Erhöhung der Dünnflüssigkeit und Reduktionsfähigkeit. Hierbei kommt dem Mangan erhöhte Bedeutung zu, da sich durch den ständigen Austausch des Mangangehaltes der Schlacke und des Bades zunächst das im Bade gelöste Eisenoxydul restlos reduzieren muß, ehe die Entschwefelung einsetzen kann. Diese vollzieht sich unter der Einwirkung des im Hitzebereich der Elektroden aus Kalk und Kohle entstehenden Kalziumkarbids CaC_2 als Katalysator für das Zustandekommen des Kalziumsulfids CaS, welches im Eisen unlöslich ist und in die Schlacke geht. Das Endergebnis ist ein fast entschwefelter Grauguß mit fein verteiltem Graphit und hohen Festigkeitseigenschaften. Der Vorteil des Duplexverfahrens beruht auf der Verwendungsmöglichkeit eines geringwertigen Eiseneinsatzes aus Gußbruch und Schrott. Zur unmittelbaren Erzeugung von Grauguß kommt der Elektroofen in Deutschland nicht in Frage, da sich die Stromkosten nicht so weit senken lassen, daß eine Wettbewerbsmöglichkeit mit dem Gießereischachtofen besteht.

---

[1] Nach Dr.-Ing. SPER, Die Verwendung des Elektroofens bei der Graugußerzeugung. Die Gießerei 26. Jg., 1939, Heft 10.

V. Formen und Gießen.

A. Formstoffe und Einrichtungen.

Sand. Für das Gelingen des Gusses sind gute Form- und Kernsande unerläßlich. Korngröße, Bildsamkeit, Gasdurchlässigkeit, Feuerfestigkeit u. a. müssen den Bedingungen, die eine *nasse* oder *grüne* Form oder eine *trockene* (Masse-) Form an sie stellen, entsprechen. Formsandgruben sind überall in Deutschland, aber solche, die wirklich guten Formsand enthalten, doch nur in einigen Gebieten: um Halle, in der Rheinpfalz, am Niederrhein, in Westfalen und im Harz. Diese Sande sind meistens ohne weitere Aufbereitung lediglich unter Beimischung von gebrauchtem Sand (Altsand) zum Formen zu verwenden. Aus wirtschaftlichen Gründen kann nicht jede Gießerei sich diese Sande kommen lassen; sie muß betrebt sein, mit billig zu beschaffendem Stoff auszukommen, eine genaue Kenntnis der erforderlichen Eigenschaften ist daher unerläßlich.

Die **Formsande** werden eingeteilt in *magere* und *fette*, sowie in *feinkörnige* und *grobkörnige* Sande. Die drei Grundbestandteile sind Quarzsand, Ton und Mineralien. Für die Gütebeschaffenheit ausschlaggebend ist das Mengenverhältnis der beiden Hauptbestandteile Quarzsand und Ton, für die Bildsamkeit entscheidend der Gehalt an kolloidalem Ton (Bindeton). Der Anteil an Mineralien soll 5% nicht übersteigen, da dieselben im geraden Verhältnis zu ihrer Anzahl und Menge die Feuerbeständigkeit der Sande herabsetzen. Die gefährlichsten sind Kalk und Pottasche, welche in Staubform die Poren verstopfen, ihr Anteil soll unter 2% bleiben.

Die **gebrauchsfertigen Formstoffe** sind stets Mischungen aus Frisch- und Altsanden mit Zusatzstoffen, deren Herrichtung eine Reihe von Arbeitsverfahren erfordert, welche unter der Bezeichnung *Sandaufbereitung* zusammengefaßt werden[1]. Der von der Grube bezogene Frisch- oder Neusand muß in den meisten Fällen getrocknet werden. Eine Ausnahme machen nur einige hochwertige Sande, welche in grubenfeuchtem Zustande bei guter Lufttrockenheit unmittelbar weiter behandelt

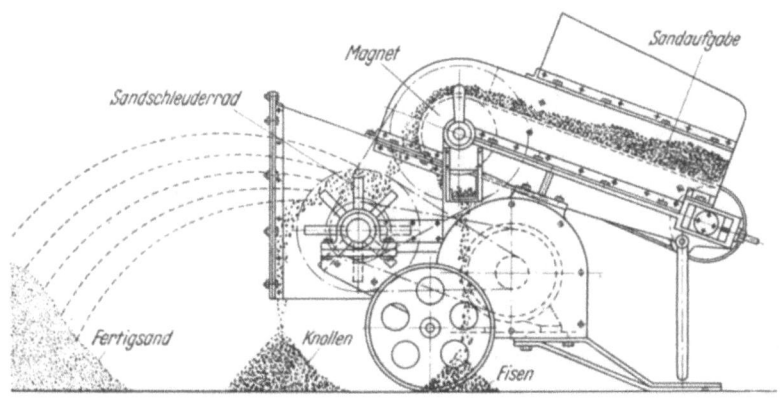

Abb. 18. Sandaufbereitungsmaschine (Bauart GUTMANN).

werden können. Diese werden in Kugelfallmühlen oder Kollergängen mit angebauten Siebvorrichtungen in einem Arbeitsgang zerkleinert, gemahlen und gesiebt. Das Aufbereiten des *Altsandes* besteht im wesentlichen aus dem Zerkleinern der Sandklumpen, dem Entfernen der Eisenteile und dem Durchsieben. Als *Zusatz zum Formsand* kommt ausschließlich *Steinkohlenstaub* in Betracht, und zwar in

---

[1] ACHENBACH, Eisengießerei. Potsdam: Verlag Bonnes & Hachfeld. Brief 1 Abs. 84/94.

einem Mengenverhältnis von höchstens 6 bis 8%. Die Beimischung erfolgt nur zum *Modellsand*, welcher das Gußstück unmittelbar umgibt, und durch Bildung der reduzierend, d. h. sauerstoffvermindernd wirkenden Kohlenoxydgase ein Anbrennen des Sandes an die Gußhaut durch Verschlacken des Eisens mit dem Formsand zu verhindern. Die *abschließenden Arbeiten der Sandaufbereitung* bestehen im Mischen, Anfeuchten und Schleudern der drei entsprechend vorbereitenden Stoffe — Altsand, Neusand und Steinkohlenstaub — zur Erzielung einer vollkommen gleichartigen Sandmischung mit restloser Aufschließung der kolloidalen Tonbestandteile unter Erhaltung der Größe der einzelnen Quarzitkörner. Diesem Zweck dienen Mischkollergänge besonderer Art und Schleudermaschinen ortsfester und fahrbarer Bauart, unter denen der *Sandschleudermaschine* erhöhte Bedeutung zukommt. Diese ist ein unentbehrliches Hilfsgerät zum Durchlüften des fertigen Sandgemisches und in der in Abb. 18 dargestellten Ausführungsart [1] in vielen Fällen ein ausreichender Ersatz für eine verwickelte Sandaufbereitungsanlage.

B. Die verschiedenen Formarten.

Modellformerei in Sand und Masse. An Formarten unterscheidet man, abgesehen von der Unterteilung nach Modell-, Schablonen- und Maschinenformerei, Sandformen in grünem oder nassem Formsand und solche in getrocknetem, mit Graphitschwärze gegen Anbrennen überzogenem Sand, in Norddeutschland *Masseformerei* genannt. In grünem Sand werden alle kleineren Stücke und fast der gesamte Formmaschinenguß hergestellt, während große Stücke, um die Gefahr des Ausschußwerdens zu verringern, fast immer in getrockneten Formen vergossen werden, die dem Ansturm des Einflusses einen größeren Widerstand entgegensetzen können als nasse Formen. Es gibt allerdings Gießereien, die auch Gußstücke von einigen tausend Kilogramm Stückgewicht noch grün zu gießen gewohnt sind; ihnen muß auch ein für diese Zwecke besonders geeigneter Formsand zur Verfügung stehen. Anstatt Masse wird auch Sand und Zement verwendet.

Für die Ausführung eines äußerlich sauberen und genauen Gußstückes ist das Vorhandensein eines durchaus einwandfreien und formgerechten Modells eine Voraussetzung, der leider nicht immer entsprochen wird. Es wird dieserhalb auf die Hefte 14, 17 und 72 der Werkstattbücher verwiesen, deren Studium dem jüngeren Eisengießer nicht dringend genug empfohlen werden kann.

Schablonenformerei. Die Fertigung von Formen und Kernen mit Hilfe von *Dreh- und Ziehschablonen* stellt eine ausgesprochene Facharbeit dar, welche besondere Sorgfalt erfordert und darüber hinaus die Fertigkeit[2] des Formers für das Arbeiten nach Zeichnung bedingt. Das Formverfahren beruht auf der Verwendung einer „*Vorrichtung*" zum Drehen oder Ziehen, welche die Zwangsläufigkeit der Schablonenführung sicherstellt. Das Merkmal des Schablonierens in Sand und Masse ist das „*Falsche Bett des Oberkastens*" und seine Verwertung als Aufstampffläche (Modell) für den Oberkasten mit anschließendem Abschaben der Eisenstärke und Aufdrehen der Unterseite der Gußform im Herd oder Unterkasten unter ausschließlicher Benutzung der beiden Schablonenteile. Alle größeren Gußformen, die in ihrer Hauptform Kreisgebilde sind, sollten nach Schablonen hergestellt werden, insonderheit wenn die Modellkosten eine untragbare Höhe erreichen würden. Nicht nur kreisförmige, sondern auch geradlinig begrenzte Gußstücke, z. B. Betten für Werkzeugmaschinen, werden zweckmäßig nach Schabonen geformt (s. Abb. 25

---

[1] ACHENBACH, Eisengießerei. Potsdam: Verlag Bonnes & Hachfeld. Brief 2, S. 50, Abb. 20.
[2] Vgl. Werkstattbuch Heft 70: NAUMANN, Handformerei.

u. 26), für gewisse Gußformen ist sogar bei Reihenfertigung das Schablonieren dem Formen nach Modellen überlegen.

Lehmformerei. Die Lehmformerei ist die einzig mögliche Art der Gußformgestaltung bei Gußformen von sehr großen Ausmaßen, z. B. bei Zylindern von Schiffsmaschinen, Großdampfmaschinen und Großgasmaschinen, ferner bei Säurepfannen und bei Glockenguß. Der *Formlehm* für Gießereizwecke ist ein Verwitterungserzeugnis der Zwischengebilde Mergel und Löß und seiner Beschaffenheit nach sandiger Ton mit Ton als Hauptbestandteil. Als Zusätze kommen außer Wasser noch Sand und organische Stoffe zur Verwendung, vor allem Pferde- und Kuhmist sowie Kuhhaare, Wergabfälle und Flachsschäben, um das Reißen und Schwinden des Lehms beim Trocknen zu vermindern und die Festigkeit und Gasdurchlässigkeit zu erhöhen. Die *Lehmform* ist kein einheitliches Gebilde aus einem gleichartigen Formstoff, wie die Sand- und Masseform, sondern ein zusammengesetztes Bauwerk aus Mauersteinen mit einer doppelschichtigen Aufstrichmasse aus Formlehm und Schlichtlehm als formbildendem Teil. Ebenso ist das Schablonieren der Lehmgußform im Gegensatz zu dem Schablonieren in Sand keine ununterbrochene Folge von Aufdrehvorgängen, sondern eine Wechselfolge von Arbeits- und Trockenvorgängen, da jede Lehmschicht vor dem Auftragen der nächsten schabloniert und getrocknet werden muß. Für den *Formvorgang* bestehen zwei unterschiedliche Arbeitsverfahren, die Formweise mit falscher Eisenstärke (Hemd) und die Formweise

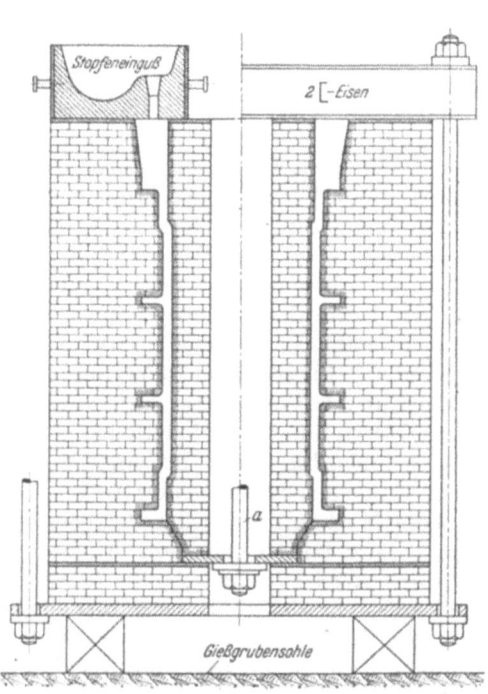

Abb. 19. Gießfertige Lehmgußform.
Linke Bildhälfte: Eingußanordnung.
Rechte Bildhälfte: Verankerung der Form.
a = Anker zum Einsetzen des Kerns.

mit getrenntem Kern- und Mantelaufbau. Bei beiden Verfahren muß die zusammengesetzte Form gut verankert und mit Sand umstampft (eingedämmt) werden, damit sie dem Gießdruck mit Sicherheit standhält (vgl. Abb. 19).

Kernmacherei. Die Kerne erzeugen die Hohlräume der Gußstücke. Sie werden vom flüssigen und erstarrenden Werkstoff eingeschlossen und müssen daher nicht nur die erforderliche Widerstandsfähigkeit gegen Gießtemperatur und Gießdruck nebst erhöhter Gasdurchlässigkeit, sondern auch eine gewisse Nachgiebigkeit gegen den Schwindungsdruck der Gußstücke besitzen und sich nach dem Erkalten leicht aus denselben entfernen lassen. Der beste Kernsand ist der *tonfreie Quarzsand* (Silbersand, Flußsand u. dgl.), die fehlende Bindekraft muß durch künstliche Bindemittel, sogenannte „Kernbinder", ersetzt werden, z. B. Melasse, Sulfitlauge, Harze und Kernöle. Die *Kernöle* bürgern sich in den Gießereien [1] immer mehr ein, weil sich die damit hergestellten Kerne bei geringer Empfindlichkeit gegen Feuch-

---
[1] Das Gießereiwesen in gemeinfaßlicher Darstellung. S. 73. Düsseldorf: Gießereiverlag G. m. b. H.

tigkeitsaufnahmen durch hohe Gasdurchlässigkeit, Festigkeit und Glätte auszeichnen und leicht aus dem Gußstück zu entfernen sind. Die Ölsandkerne werden bei Temperaturen von 180 bis 200° C getrocknet und erfordern nur eine kurze Trockenzeit.

C. Maschinenformerei[1].

Die Befestigung der Modelle auf einer Formplatte und ihre Verbindung mit einer Vorrichtung zum Ausheben aus der handverdichteten Form ergaben die Baugrundlage, von der die Entwicklung der Formmaschinen ihren Ausgang genommen hat. Unter vorläufiger Beschränkung auf die *Mechanisierung der Modellaushebung* entstanden als erste maschinell durchgebildete Einrichtungen die Stiftabhebe- und Absenk-Formmaschinen, als weitere Folge die Durchzieh- und Abstreif-Formmaschinen und als letzte Stufe die Wendeplatten- und Umrollplatten-Formmaschinen. Ihrem eigentlichen Betätigungsfeld, der Massenfertigung von Gußformen, wurden die Formmaschinen erst durch Aufnahme der *mechanischen Sandverdichtung* zugeführt, deren Verbindung mit der mechanischen Kastenbewegung unter weitestgehender Ausnutzung der Gestaltungsmöglichkeiten der Modellplatte eine fast unübersehbare Anzahl von Formmaschinenbauarten ins Leben gerufen hat. Vom Handbetrieb führte die Entwicklung über den Druckwasserbetrieb zum *Druckluftbetrieb*, der heute die vorherrschende Betriebsform bildet und auch die drei Verdichtungsverfahren des Pressens, Rüttelns und Schleuderns des Sandes beherrscht, die entweder je für sich oder in Verbindung miteinander, z. B. Rütteln und Pressen mit Druckluft als Treibmittel zur Anwendung gelangen. Hinsichtlich der Einrichtung und Herstellung von Modellplatten wird auf Heft 37 der Werkstattbücher verwiesen, in denen Fr. und F. Brobeck wertvolle Aufschlüsse hierüber geben, so daß sich ein Eingehen darauf erübrigt.

Mit der Mechanisierung des Formereibetriebes hat die Entwicklung der *Kernformmaschinen* Schritt gehalten. Einfache Rund- und Vierkantkerne werden vermittels des *Kernwolfs* hergestellt, dessen Bau- und Arbeitsweise derjenigen des Fleischwolfs bzw. der Wurstmaschine entspricht. Andere Kernformmaschinen arbeiten nach dem Preß- oder Rüttelverfahren mit Zuhilfenahme von Modellplatten, die höchste Stufe stellt indes die *Kernblasmaschine* dar, welche in der Neuzeit auf einen Grad der Vollendung gebracht worden ist, der durch die vollkommene Beherrschung des Stoffes und Ausweitung des Anwendungsbereiches auf alle Kernarten und Kerngrößen gekennzeichnet ist.

D. Dauerformen.

Die Benutzung einer Dauerform erscheint als die einfachste Art der Herstellung von Gußstücken, ist aber nur in den Fällen anwendbar, in denen das Herausnehmen des Abgusses aus der Form ohne Beschädigung oder Zerstörung derselben vor sich gehen kann. *Dauerformen mit keramischer Füllung*[2] werden bei mehrfach anzufertigenden Gußstücken angewandt, für die ihrer Größe wegen das Formen auf Maschine nicht in Betracht kommt und sich ihrer geringen Stückzahl wegen die Beschaffung besonderer Formeinrichtungen nicht lohnt. Die *Dauerformmasse* wird nach Art der Trockengußmasse für Stahlgußformen aus gemahlener Schamotte, d. i. gebranntem feuerfestem Ton, rohem Ton und Koksgrus aufbereitet. Die Form muß besonders gleichmäßig und fest gestampft, nach reichlichem Luftstechen stark getrocknet und dick geschwärzt werden, um jedes Anbrennen auszuschließen. Die *Formkästen* müssen kräftig gebaut und ausreichend mit Versteifungen sowie mit

---
[1] Vgl. Werkstattbuch Heft 66: Lohse-Allendorf, Maschinenformerei.
[2] Das Gießereiwesen in gemeinfaßlicher Darstellung. S. 103. Düsseldorf: Gießereiverlag G. m. b. H.

Rippen zum Festhalten des Sandes versehen sein. Für dünnwandige Gußstücke in Eisenguß ist dieses Dauerformverfahren nicht zu verwenden. *Dauerformen aus Grauguß* oder *Kokillen* finden hauptsächlich für die Herstellung von Hartgußwalzen, Laufrädern mit hartem Spurkranz, Bremsmuffen und dergleichen Verwendung, bei denen man durch die Abschreckwirkung der Kokille eine harte Außenschicht mit Erhaltung eines weichen Kerns mit Graugußgefüge erzielen will. Durch Regelung der abschreckenden Wirkung der Kokille lassen sich Kokillenformen auch für die Reihenfertigung von *Grauguß-Zylinderbuchsen* für Motoren verwenden, indem durch rechtzeitiges Herausnehmen des Gusses aus der Form die härtende Wirkung derselben vermieden, aber ein dichteres Gefüge der Außenschicht erzielt wird. Die Formen werden mit einem Überlauf zum Durchgießen versehen, ihre Lebensdauer erstreckt sich auf mehr als 2000 Abgüsse (Abb. 20).

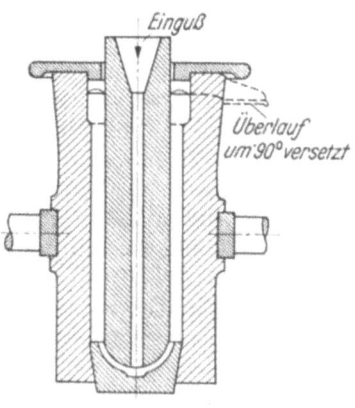

Abb. 20[1]. Kokillenform für Zylinderbüchse.

E. Schleuderguß.

Das Schleudergußverfahren dient der Erzeugung von zylindrischen Hohlkörpern, vor allem Leitungsrohren, oder vollen Scheiben, seine Wirkungsweise ist in Abb. 21 in einer schematischen Darstellung der *Rohrschleudergußmaschine* Bau-

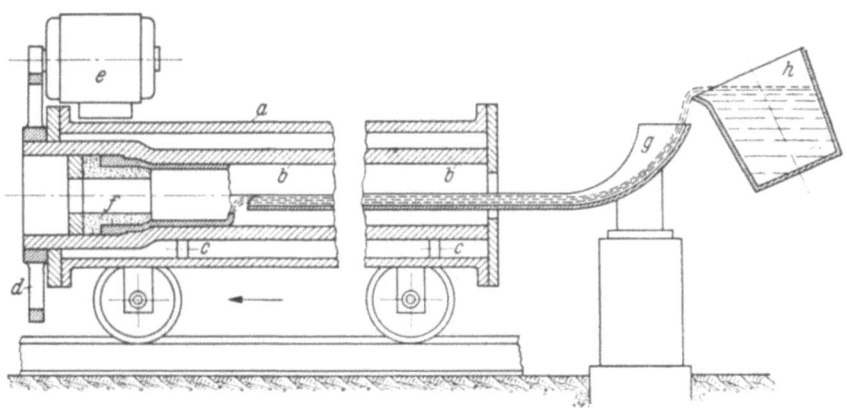

Abb. 21. Waagerecht-Rohrschleudermaschine (nach Dr.-Ing. C. PARDUN).

a = Gehäuse,
b = Drehform,
c = Laufrollen,
d = Zahnkranz,
e = Antriebsmotor,
f = Muffenkern.
g = Einlaufrinne.
h = Gießpfanne.

art Schalker Verein veranschaulicht[2]. Das auf Rädern fahrbare Gehäuse dient gleichzeitig als Kühlwassermantel für die Gußform, welche auf zwei Rollenpaaren auf der Innenwand des Gehäuses drehbar gelagert ist und vermittels eines außenliegenden Zahnrades durch einen Elektromotor mit veränderlicher Drehzahl in

---

[1] Das Gießereiwesen in gemeinfaßlicher Darstellung. Herausgegeben von der Wirtschaftsgruppe Gießereiindustrie. Düsseldorf: Gießerei-Verlag G. m. b. H. S. 152.
[2] Z. VDI Bd. 82 (1928) Nr. 32, S. 1113 bis 1117.

Drehung versetzt wird. Der Muffenkern wird kurz vor Beginn des Gießens in die Drehform eingesetzt. Die feststehende Gießrinne ragt in das Innere der Drehform hinein, die Gießpfanne ist kippbar gelagert, ihr Inhalt an flüssigem Eisen entspricht genau dem Gewicht des Rohres und wird beim Kippen der Pfanne in stets gleichbleibender Menge der Formwandung zugeführt. Kippvorrichtung und Wagenverschiebung sind genau aufeinander abgestimmt. Das aus der Rinne fließende flüssige Eisenband wickelt sich vermöge der gleichzeitigen Dreh- und Längsbewegung der Gußform auf der Innenfläche derselben, an der die Schmelze durch die Haftreibung festgehalten wird, gleichmäßig ab und wird durch die Fliehkraft zu einem Rohr von gleichförmiger Wanddicke ausgebreitet. Das *fertige Rohr* wird unmittelbar nach dem Heraustreten der Rinne aus der Drehform mittels Klemmbacken in der Muffenrichtung herausgezogen und in rotglühendem Zustand dem *Glühofen* zugeführt. Das Wesen des Verfahrens ist darin zu erblicken, daß der *flüssige Werkstoff* während des ganzen Verlaufs des Gieß- und Erstarrungsvorgangs in *Drehbewegung* erhalten und der Einwirkung der Fliehkraft ausgesetzt bleibt. Die Drehform ist wassergekühlt, um die Abkühlung zu beschleunigen, so daß Drehbewegung und Abkühlung in gleichem Maße als formgestaltende Kräfte in Wirksamkeit treten. Das *Ergebnis* ist eine erhebliche Festigkeitssteigerung in Verbindung mit einer ungewöhnlichen Dichte und Reinheit des Werkstoffes infolge der außerordentlichen Verfeinerung der metallischen Grundmasse und Graphitbildung, worauf die gute Beständigkeit gegen Anfressungen zurückzuführen ist.

F. Trockenöfen.

Getrocknet werden die Kastenformen, Lehmformen und Lehmkerne allgemein in ortsfesten *Kammern* von 2 bis 3 m Höhe, welche von außen mit Abfallkoks geheizt und an der Innenseite mit einer über die ganze Breite der Kammer reichenden Hängetür mit Gegengewichten verschlossen werden (Abb. 22). Das

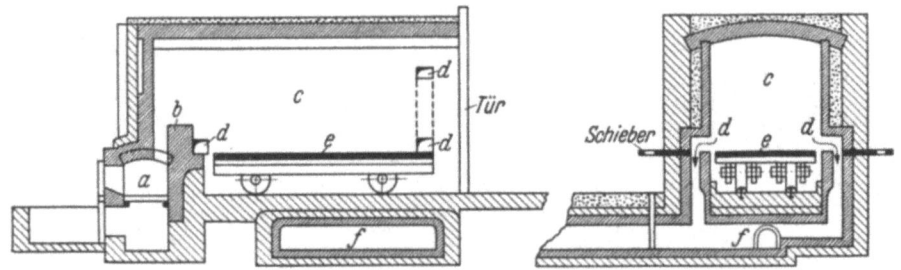

Abb. 22. Trockenkammer mit Koksfeuerung [1].

a = Rostfeuerung,
b = Feuerbrücke,
c = Trockenraum,
d = Abzugsöffnungen mit Schieber,
e = Trockenkammerwagen,
f = Rauchkanal (Fuchs).

Trockengut wird mit Wagen in die Kammer eingefahren, die Trockentemperatur soll für Eisengußformen nicht über 300° C hinausgehen, die Abgase werden durch Abzugsöffnungen in der Höhe der Tür und einen unter Flur verlegten Fuchs in den zur Trockenkammer gehörigen Schornstein von 15 bis 20 m Höhe abgeführt. Das *Trocknen der Herdformen* geschieht durch tragbare *Trockenöfen* mit Heißwind-

---

[1] Das Gießereiwesen in gemeinfaßlicher Darstellung. Herausgegeben von der Wirtschaftsgruppe Gießereiindusteie. Düsseldorf: Gießerei-Verlag G. m. b. H. S. 103.

umlauf und Ventilator oder Druckluftbetrieb (Abb. 23). Für *große Kerne* werden dieselben Trockenkammern benutzt wie für die Kastenformen bei entsprechender Niederhaltung der Trockentemperatur auf 200 bis 250° C. Für kleinere und mittlere *Ölsandkerne* sind entweder *Schranköfen* oder senkrechte Öfen mit endlosem Kettenförderer und pendelnd aufgehängten Trockenhorden in Gebrauch, die mit genau regelbarer Heizung versehen sein müssen, da die Trockentemperatur nicht über 200° C hinausgehen darf.

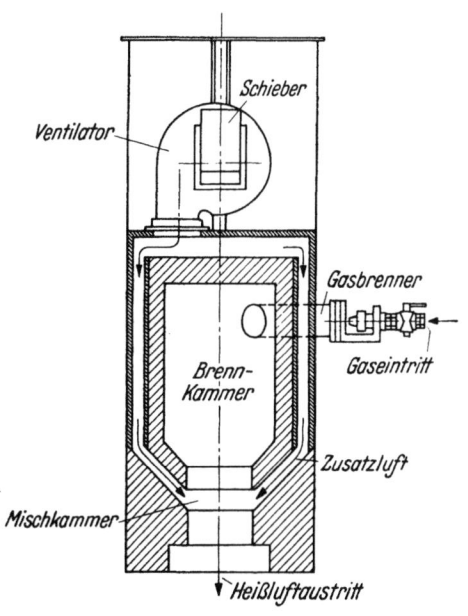

Abb. 23. Heißlufttrockner für Herdgußformen (Bauart Balcke-Bochum).

G. Einiges zum Aufbau der Formen und zum Gießen.

Kerne. Die Fertigung und der richtige *Einbau der Kerne* ist je nach deren Umfang und Konstruktion eine der schwierigsten Aufgaben der Formkunst. Nicht nur müssen die Kerne selbst sehr sorgfältig angefertigt werden — wobei wieder die Luftabführung das wichtigste ist — auch ihr Ein- und Zusammenbau in der Form erfordern gründliche Überlegungen und Erfahrungen. Beim Einlegen der Kerne muß immer die Zeichnung des Werkstückes bei der Hand sein. Die Wanddicken sind mit Kernstützen gegen Verschiebung und Auftrieb der Kerne zu sichern. Eine gute Verzinnung dieser Kernstützen ist besonders wichtig: Rost und Feuchtigkeit an ihnen gibt Anlaß zu Unruhe beim Gießen, und demzufolge zu Blasenbildung und Undichtigkeit im Gußstück. Größte Beachtung verdient die Luft- und Gasabführung aus Form und Kern, die nicht immer leicht zu erreichen ist. Von diesen Schwierigkeiten sollte der Konstrukteur gut unterrichtet sein; er würde dem dann sicherlich mehr Rechnung tragen durch Vorsehen von Öffnungen für Luftabführung und Kernauflage in den Wandungen verwickelter Gußstücke. Die Kosten für das nachträgliche Verschrauben oder Verflanschen solcher Hilfsöffnungen sind gering im Verhältnis zu der Gefahr des Ausschusses, der gerade durch Kernverlagerung und ungenügende Luftabführung sehr häufig auftritt. Auch die gut verzinnte Kernstütze ist immer ein Fremdkörper im Fleisch des Gusses und gern verzichtet der Gießer, wenn er kann, auf dieses notwendige Übel. Scharfe Kanten von Form und Kern müssen, auch wenn diese innerlich durch Kerneisen versteift sind, gegen den eindringenden Eisenstrom besonders gehalten sein und ihre Oberfläche muß noch durch Sandstifte gesichert werden. Sandstifte sind aber auch bei großen, namentlich in der Form waagerechten Flächen angebracht.

Der Eisenfluß. Für die Gießanschnitte sucht der Former besonders geeignete Stellen aus, möglichst solche, die am fertigen Gußstück roh bleiben und dem Eisenfluß einen freien Weg geben unter weitgehender Schonung der Kerne. Es ist Sorge zu tragen, daß das Eisen schnell und somit heiß in alle Richtungen der Form gelangt, in dem Bestreben, die Form rasch zu füllen. Bei sehr hohen Gußstücken ist für mehrere in der Höhe unterschiedlich angebrachte Anschnitte zu sorgen, um ein Erkalten des steigenden Eisens zu verhindern. Eingüsse und Anschnitte müssen das richtige Querschnittsverhältnis haben: Es ist zwecklos oder gar schädlich, den Querschnitt der Anschnitte größer zu wählen, als den Querschnitt des Eingusses, da in einem solchen Anschnitt der Eisenstrom abreißt, — was vermieden werden muß.

Wenn es bei groben Stücken unvermeidlich ist, daß das Eisen aus ziemlicher Höhe herunterschießt, müssen die Auffallstellen besonders sorgfältig geformt sein. Es empfiehlt sich der Einbau eines feuerfesten Steines, der gegen den Aufprall widerstandsfähiger ist als trockener Sand oder Lehm.

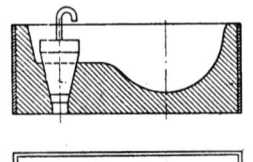

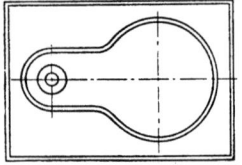

Abb. 24. Stopfeneinguß (vgl. Abb. 19)

Der *Einguß* — oder bei großen Stücken die Eingüsse — muß so auf der Form aufgebaut sein, daß er mit den Gießpfannen leicht zu erreichen ist. Er muß so eingerichtet sein, daß sich beim Gießen zunächst ein Vortümpel füllt und ein Eindringen der Schlacke in die Form verhindert wird (Abb. 24). Stopfen, die den Einguß erst beim gefüllten Tümpel freigeben, sollten bei großen Formen immer verwendet werden.

Dichtigkeit des Gusses. Ergibt der Aufbau von Form und Kern besonders starke Eisenansammlungen, so sind zur Vermeidung von Lunkern oder auch zu starker Graphitausscheidung *Kühlnägel und Abschreckplatten* anzubringen; wenn irgend möglich sollten aber solche Konstruktionen vermieden werden. Bei Werkzeugmaschinenguß ist ihre Anwendung allerdings unvermeidlich (Abb. 25). Beim

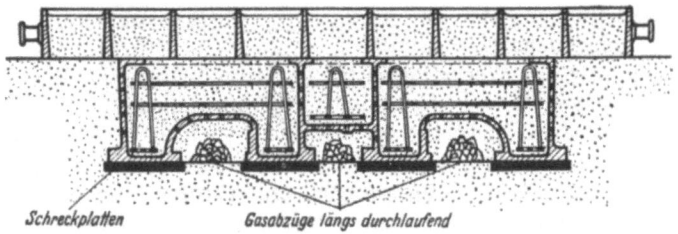

Abb. 25. Werkzeugmaschinenbett.

Guß von größeren Zylindern und Buchsen, die besonders dicht sein sollen, empfiehlt sich immer noch der Aufsatz eines verlorenen Kopfes. Man lasse sich nicht durch den Hinweis unnötiger Stoffverschwendung und der zusätzlich entstehenden Kosten für das Abstechen des Kopfes verleiten, ohne Kopf zu gießen. Die Ausschußgefahr erfordert die Anwendung dieser Vorsichtsmaßnahme.

Ein Nachgießen — Durchgießen — nach gefüllter Form ist vielfach angebracht, wie man auch bei dickwandigen Stücken die Steiger nachfüllt. Bei Eisen, das zum Lunkern neigt, hilft allerdings dieses Verfahren auch nicht immer.

Sicherheit vor Gefahren. Schon während des Gießens sind die entweichenden Gase sowohl von den seitlichen Abführungen wie an den Steigern zu entzünden, sie können dann schneller nachströmen.

Die Form ist gut zu *verklammern* und zu *beschweren*. Selbst alten erfahrenen Gießern kommt es immer mal wieder vor, daß eine Form „durchgeht". Nicht nur ist dann das Stück Ausschuß, es können, was viel ernster ist, Menschen schwer verletzt werden oder gar in Lebensgefahr kommen. Ist man im Augenblick nicht in der Lage, den Auftrieb zu errechnen, so soll man bei seinen Schätzungen lieber eine doppelte und dreifache Sicherheit anwenden, als mit der Beschwerung der

Form gerade an der Grenze des Erforderlichen zu bleiben. Dieselbe Vorsicht ist bei der Füllung der Pfannen anzuwenden. So schön und elegant es für das Auge wirkt, wenn beim Füllen einer Form von vielleicht 30 000 kg die Pfannen bis auf den Tropfen geleert sind, von dem verantwortlichen Leiter wird diese Feststellung doch immer mit einem gewissen Unbehagen aufgenommen.

Verantwortlichkeiten. Leider steht hier nicht der Raum zur Verfügung, die gesamten Vorbereitungen, das Formen, den Aufbau einer großen Form (siehe z. B. Abb. 26), das Gießen, Ausleeren, Ausstoßen, Putzen und Verladen ausführlich zu beschreiben, um erkennen zu lassen, welche *Verantwortung* alle Beteiligten, an der Spitze der Gießereileiter, zu tragen haben und welche Sorgen mit diesen Arbeiten während der ganzen Ausführungszeit ständig verbunden sind. Nur wer die große Zahl von Möglichkeiten kennt, die zum Mißlingen des Gusses führen können, kann auch den Wert eines wohlgelungenen Stückes beurteilen. Viele Maschinenbauer, die ein Eindringen in die Form- und Gießkunst niemals für wichtig gehalten haben, sind mit der Kritik am Ausschuß schnell bei der Hand. Man berücksichtige, daß eine

Abb. 26. Zusammenbau einer großen Form.

schlecht verzinnte rostige Kernstütze die Ursache des Ausschusses sein kann. Oder ein kleiner Teilkern, der vielleicht bei der Beförderung zerbrochen, schnell nachgeliefert und nicht genügend getrocknet war, ein unglücklicher Handgriff eines an sich sehr zuverlässigen Formers beim Einlegen eines Kernes an einer Stelle, die schlecht zugänglich ist. Man denke an den tagelangen Aufbau großer Formen, in denen der Former barfuß — jedenfalls ohne Schuhe — Kern auf Kern baut: wie leicht kann hier Sand oder ein anderer Fremdkörper in die Form fallen. Eine solche große, offene Form kann zudem mit der Zeit Feuchtigkeit aufnehmen, was wiederum Ursache zum Mißlingen sein kann. Wehe dem Abguß, wenn an irgendeiner Stelle Luft aus Kern oder Form in das flüssige Eisen eindringt. Um das zu vermeiden, bedarf es höchster Kunst und Erfahrung. Kleine Fahrlässigkeiten können größte Wirkung haben und nur ein erfahrener Gießer weiß, was alles eintreten kann, um eine mit großem Fleiß und vielen Kosten durchgeführte Arbeit in der Gießerei mit einem Schlage zu vernichten. Wer hat es noch nicht erlebt, daß ein sonst zuverlässiger Kranführer beim Angießen mit der Pfanne einen Eingußaufbau umwirft und damit die ganze Form unbrauchbar macht. Ähnliche verheerende Wirkungen kann der Kranführer beim Einrichten der Form durch Unachtsamkeit anrichten. Oft ist es vorgekommen, daß bei großen Formen das flüssige Eisen sich infolge des ungeheuren Druckes einen Weg in den Erdboden suchte und vor den Augen der staunenden Gießer verschwand. In welch einem andern Betriebe kann irgendeine Betriebsstörung so unheilvolle Folgen haben, wie gerade in der Gießerei? Was bedeutet es schon, wenn ein Kran bei Beförderung eines Werkstückes einmal einige Minuten versagt; im allgemeinen gar nichts. Ereignet sich der Fall aber während des Gießens, so daß die Pfanne entsprechend der Leerung nicht sofort gehoben werden kann, dann ist der Guß verloren, da eine Unterbrechung des Gießens alles verdirbt bzw. ein späteres „Nachfüllen" den Abguß nicht mehr retten kann.

Ähnliche Möglichkeiten bestehen zu Dutzenden und es würde zu weit führen, sie alle hier aufzuzählen.

H. Gußputzerei.

Die Gußputzerei bildet das Verbindungsglied zwischen der Fertigung und der Verwendung der Gußerzeugnisse und hat sich aus den Uranfängen eines als nebensächlich angesehenen lästigen Anhängsels der Gußfertigung heraus zu einem sehr beachtliche Betriebszweig der Eisengießereien mit weitgehender Mechanisierung der Arbeitsvorgänge entwickelt.

Die **vorbereitenden Arbeiten** des Gußputzens bestehen in dem Entleeren der Kästen, dem Beseitigen des den Gußstücken anhaftenden Haufensandes und dem Ausstoßen der Kerne. Die *Putzarbeiten* selbst erstrecken sich auf das Abtrennen der Einguß- und Steigetrichter, der verlorenen Köpfe und des Gußgrades sowie auf das Entfernen der Sandkruste und das Glätten der Außenflächen der Gußstücke. Die Nachbehandlung des Gusses durch *Beizen* in verdünnter Schwefelsäure oder Flußsäure zur Schonung der Bearbeitungswerkzeuge ist als zusätzliche Arbeit zu werten, die mit dem Gußputzen nichts zu tun hat. Die *Putzverfahren und -geräte* lassen sich hinsichtlich ihrer Wirkungsbereiche in die oben genannten Arbeitsvorgänge eingliedern wie folgt[1]:

Die Befreiung der Gußstücke von den Sand- und Kernmassen ist diejenige Arbeit, welche sich einer über die Verwendung von Preßluftwerkzeugen hinausgehenden Mechanisierung unzugänglich erweist. Eine Ausnahme hiervon bildet das mit einem Druck von etwa 75 atü und einem Wasserverbrauch etwa 7,5 m³/h arbeitende *Druckwasser-Putzverfahren*, welches die Befreiung der Gußstücke von allem daransitzenden Sand mit Einschluß der Kerne unmittelbar in Angriff nimmt und somit die technisch und gesundheitlich vollkommenste Betriebseinrichtung darstellt. Ihre Einführung wird indes zur Zeit wegen der hohen Anlagekosten für die Mehrzahl unserer Gießereien ein unerfüllbarer Wunschtraum bleiben. Für die *rein mechanischen Trennarbeiten* finden *Druckluftmeißel* und *Kaltsägemaschinen*, für die Beseitigung der Rauheiten der abgeschroteten Trichter- und Gratreste und sonstigen Unebenheiten der Gußnähte fast ausschließlich *Schleifmaschinen* ortsfester und tragbarer Bauart Verwendung. Zum Putzen größerer Stückzahlen von annähernd gleichem Gewicht und gleicher Größe dienen *Putztrommeln*, in denen man mit und ohne Zuhilfenahme von Hartgußsternen metallisch reine Gußstücke von spannungsfreier Oberfläche erhält. Das weitaus überwiegende Betriebsmittel der Gußputzerei bildet der *Gebläsesand* oder *Gebläsekies* in Verbindung mit Sandstrahlgebläsen, die in Gießereien mit Reihen- und Massenfertigung von Gußstücken unentbehrlich sind. Der Bauart nach werden unterschieden: *Freistrahlgebläse* zur Verwendung in Putzhäusern, *Saugsandstrahlgebläse* zur Verwendung in Blasgehäusen für das Mattieren von Gegenständen und *Drucksandstrahlgebläse* zur Verwendung in Drehtrommeln, Drehtischen und Rollbahntischen oder Sprossentischen. Die an Stelle von Druckluft mit schnell umlaufenden *Schleuderrädern* betriebenen Sandstrahlgeräte haben in Verbindung mit Drehtrommeln und Drehtischen als „Sandfunker" bzw. „Wirbelstrahler" in der Neuzeit vielfach Eingang in die Eisengießereien gefunden. Neben dem ausschließlichen Gebrauch des staubfreien Stahlkieses haben sie den Vorzug des Wegfalls der Drucklufterzeugungs-

---

[1] Nach ACHENBACH, Die neuzeitliche Gußputzerei. Elsner, Gießerei-Fachbücher Nr. 10. Berlin: Otto Elsner Verlagsgesellschaft.
Vgl. auch Werkstattbuch Heft 68: LOHSE, Formsandaufbereitung und Gußputzerei.

anlage und einer etwa 30 %igen Raum- und Kraftersparnis gegenüber dem Quarzsandgebläse aufzuweisen, der Verschleiß an Schlagplatten ist dem an Blasmundstücken etwa gleichzusetzen.

VI. Das Fertigerzeugnis.

A. Die verschiedenen Gußarten.

Die Gußwaren lassen sich einteilen in Handelsgußwaren, das sind Teile, die als allgemein benutzte Fertigerzeugnisse auf Lager gearbeitet werden können, und Gußstücke, die jeweils auf besondere Bestellung nach Modell oder Zeichnung angefertigt werden müssen.

Zum *Handelsguß* gehören: Ofen- und Geschirrguß, Herde, Badewannen und sonstige Haushaltartikel, wie Gaskocher, Bügeleisen, ferner Heizkessel, Heizkörper, Rippenrohre, u. a. auch der Bauguß wie Säulen, Unterlagplatten, Fenster, sowie der Guß für Wasserleitungen und Kanalisation, Muffen und Flanschenrohre, Abflußrohre, Formstücke, Schachtabdeckungen usw.

Mit Ausnahme der Wasserleitungsrohre werden an diese Gußstücke keine besonderen Ansprüche gestellt. Für ihre chemische Zusammensetzung gilt das unter IIIB Gesagte, indem der Si-Gehalt der Wandstärke angepaßt und ein Mn-Gehalt von etwa 0,6 bis 0,8% erstrebt wird. Mit dem P-Gehalt geht man wegen der von diesem abhängigen Dünnflüssigkeit bei schwachen Wandungen bis zu 1,3%. Den S-Gehalt hält man möglichst unter 0,12%.

Bei Muffen- und Flanschenrohren für Wasserleitungen mit hohem Druck sollte der Phosphorgehalt 0,8% nicht überschreiten und der Mangangehalt nicht unter 0,8% betragen.

Zum Handelsguß gehören weiter Fein- und Kunstguß, wie Figuren, Büsten, Plaketten, Schalen, Beleuchtungskörper u. ä. Wegen der chemischen Zusammensetzung verfahre man wie bei Ofen- und Geschirrguß.

Flügel- und Pianoplatten können auch zum Handelsguß gezählt werden. Da in diese Teile viele Löcher gebohrt werden, muß der Guß sehr weich sein, der Phosphorgehalt deshalb unter 0,1% und der Mangangehalt unter 0,6% bleiben.

Den *Maschinenguß* teilt man ein in Guß ohne besondere Gütevorschriften, in Guß mit gewissen Mindestwerten und schließlich in Guß von besonderer Hochwertigkeit. Außer dem für jeden Maschinenguß erforderlichen sauberen äußeren Zustand und der Dichte wird für höherwertigen Maschinenguß eine Zugfestigkeit von 18 bis 26 kg/mm^2 verlangt, für hochwertigen mindestens 26 kg/mm^2. Wegen der chemischen Zusammensetzung dieser Maschinengußsorten wird auf die Gattierungsbeispiele verwiesen. Je nach Gütevorschrift wird man bestrebt sein, den Schwefelgehalt einzuschränken, den Phosphorgehalt entsprechend der Wertigkeit in Grenzen von 0,8 bis 0,3% und den Mangangehalt zwischen 0,8 bis 1,0% halten. Silizium richtet sich wie immer nach den Wandstärken und den Abkühlungsverhältnissen. Während beim Handels- und gewöhnlichen Maschinenguß der Kohlenstoffgehalt kaum berücksichtigt zu werden braucht, kommt man, wie früher bereits ausgeführt, bei höherwertigem und hochwertigem Maschinenguß am einfachsten zum Ziel, wenn man den Kohlenstoffgehalt auf 3,3 bis 3% vermindert. Das wird erreicht durch Zugabe niedrig gekohlten Eisens bzw. von Stahl und Stahlschrott in Mengen von 5 bis 25%.

Die übrigen Sondergußgebiete wie Hartguß, säure- und feuerbeständiger Guß können im Rahmen dieser kurzen Abhandlung nicht näher besprochen werden, um so weniger, als für jedes Gebiet ganz besondere Erfahrungen für die Ausführung vermittelt werden müßten.

Der Deutsche Normenausschuß hat über die Klasseneinteilung und die Werkstoffeigenschaften das Normblatt DIN 1691 (vgl. Fußnose S. 3) herausgegeben.

B. Eigenschaften und Prüfung.

Zugfestigkeit. Aus den Besprechungen über den Aufbau des Gefüges geht hervor, daß von diesem zumindest die mechanischen Eigenschaften in hohem Maße abhängen. Die wichtigste und für die Prüfung grundlegende Eigenschaft ist die Zugfestigkeit. Unter dieser versteht man den Widerstand des Werkstoffes gegen Zerreißen. Sie wird festgestellt durch Zerreißen eines bearbeiteten Stabes auf einer Zerreißmaschine, wobei als Festigkeitswert das für einen mm² des Querschnittes anteilige Gewicht der Bruchlast bezeichnet wird. Die Prüfung ist sehr einfach. Wenn nichts anderes vorgeschrieben, wähle man für Gußeisen einen Stab von 20 mm ⌀ und 100 mm Länge. Dehnungsfeststellung kommt nicht in Frage, da Gußeisen praktisch keine Dehnung aufweist. Grobe Graphitausscheidung verringert, Zementit erhöht die Festigkeit. Perlit ist die günstigste Gefügeform. Das Mindestmaß an Zugfestigkeit für Gußeisen ist 12 kg/mm², das Höchstmaß 30 bis 36 kg/mm². Durch Legieren mit Nickel, Chrom, Vanadium, Molybdän kann die Festigkeit gesteigert werden.

Biegefestigkeit. Unter Biegefestigkeit versteht man den Widerstand gegen Durchbiegung. Sie wird bestimmt durch Belastung eines rohen, unbearbeiteten Stabes von 23 mm ⌀ und 600 mm Auflagelänge bis zum Bruch. Sie wird berechnet für den mm² nach der Formel: $\sigma_b = \dfrac{Pl}{4W}$, wobei P die Drucklast, l die Stablänge und W das Widerstandsmoment bedeuten. Die Auflageflächen der Prüfmaschine müssen abgerundet sein, am besten aus Rollen bestehen, um an den Auflagestellen keinen zu hohen Reibungswiderstand zu geben und um die Versuchsergebnisse nicht zu beeinflussen. Bei diesem Versuch wird gleichzeitig die Höhe der Durchbiegung gemessen, die einen Maßstab für die Zähigkeit des Stoffes abgibt. Zug- und Biegefestigkeit stehen bei gewöhnlichem Gußeisen im Verhältnis von ungefähr 1 : 2, bei höherwertigem Eisen bleibt die Biegefestigkeit zurück. Es ist sehr wohl möglich, daß bei stärkerer Zementitausbildung gute Zugfestigkeit vorhanden ist, die Biegefestigkeit aber nicht im gleichen Verhältnis steigt und erst recht nicht die Durchbiegung. Als Mindestwert der Biegefestigkeit gilt 24 kg/mm², als Durchbiegung 6 mm. Praktische Höchstwerte sind 46 kg/mm² und 10 mm Durchbiegung.

Dem **Biegeversuch** ist für die *gegossenen Werkstoffe*, insonderheit für *Grauguß* aller Güteklassen, unter den *statischen* Festigkeitsprüfungen die weitaus überragende Bedeutung beizumessen, da durch die Biegefestigkeit mit Einbeziehung der Durchbiegung die *Gußeigenschaften* besser gekennzeichnet werden, als durch Zerreißversuche, die dem Wesen des Gußgefüges weniger entsprechen[1].

Als **Sonderverfahren für Zugversuche** ist die Bestimmung der Streckgrenze bei höheren Temperaturen, der sogenannten *Warmstreckgrenze*, zu nennen, hauptsächlich veranlaßt durch das „*Wachsen der Gußstücke*", welches in den Anfängen des Großdampfturbinenbaus bei Turbinengehäusen beobachtet worden war und sich durch Undichtwerden der Flanschen bemerkbar gemacht hatte. Als Ursache dieser Erscheinung wurde die für Grauguß bei etwa 300° C beginnende *Änderung der Dauerstandfestigkeit* in Gestalt einer bei ruhender Belastung eintretenden und langsam fortschreitenden rein plastischen Änderung und Ausweitung des Gefüges infolge Auflockerung desselben durch grobe Graphiteinschlüsse erkannt, wogegen

---

[1] ACHENBACH, Die physikalische Werkstoffprüfung. Gießerei-Taschen-Jahrbuch 1942 S. 889 ff. Berlin: Otto Elsner Verlagsgesellschaft.

sich das *perlitische Grundgefüge als wachstumsbeständig* erwies. Bei Wechselbeanspruchungen fehlt die Zeit für plastische Formänderungen, so daß auch das Wachsen des Werkstoffes in wesentlich geringerem Maße auftritt. Für gegossene Werkstoffe (z. B. Grauguß), welche keine Streckgrenze aufzuweisen haben, tritt an die Stelle der Warmstreckgrenze die *Dauerwechselfestigkeit*, d. h. die Dauerfestigkeit bei wechselnder Beanspruchung, und deren Bestimmung durch *Dauerwechselversuche oder Umlaufbiegeversuche* nach DIN 50113. Die praktische Bedeutung der *Dauerfestigkeitswerte* liegt darin begründet, daß sie das tatsächliche Verhalten des Werkstoffes gegenüber den im Betrieb vorherrschenden dynamischen Beanspruchungen wiedergegeben und somit seine Gebrauchseignung besser erkennen lassen, als es eine einmalige Höchstbelastung bis zur Bruchgrenze vermag. Der Wertbestimmung der Dauerfestigkeit durch Versuche kommt auch aus dem Grunde die größere Bedeutung zu, weil ihre Ergebnisse auch bei längerer Betriebsbeanspruchung zu Recht bestehen bleiben, indem die Betriebsdauer durch die ungeheure Lastwechselzahl verkörpert wird, welche 10 Millionen beträgt und einer Versuchsdauer von $16^2/_3$ Stunden bei einer Schlagzahl von 10 000 in der Minute entspricht.

Die **Druckfestigkeit** ist für gegossene metallische Werkstoffe von untergeordneter Bedeutung, da sie keine Rückschlußmöglichkeit auf die Härteeigenschaften bietet.

Druck-, Scher-, Torsions-, Schlag- und Dauerfestigkeit. Diese Größen werden seltener geprüft. Die Druckfestigkeit, die bei Grauguß recht hoch liegt, das Drei- bis Vierfache der Zugfestigkeit, und die Scher- und Torsionsfestigkeit werden nur für besondere Zwecke einmal geprüft; dagegen werden Schlag- und Dauerfestigkeit in letzter Zeit bei hochwertigem Guß häufiger festgestellt.

Physikalische Werte. Die magnetischen Eigenschaften werden auch nur in Sonderfällen geprüft. Sie hängen von dem Graphit- und Zementitgehalt ab, und zwar sind sie um so besser, je geringer der Gesamt-C-Gehalt ist und je größer der Anteil an Graphit und Temperkohle daran ist.

Die elektrische Leitfähigkeit ist im allgemeinen gering; durch Legieren werden die physikalischen Eigenschaften verändert.

Chemische Widerstandsfähigkeit. Die Widerstandsfähigkeit gegen feuchte Luft, also gegen Rosten, ist verhältnismäßig groß, wenigstens im Vergleich zu Stahl. Dagegen ist die Widerstandsfähigkeit von gewöhnlichem Grauguß gegen Säuren und Alkalien nicht allzu groß. Reines Eisen wird stark angegriffen; Graphit ist wohl widerstandsfähig, lockert aber das Gefüge auf und bietet dadurch Gelegenheit zum Angriff. Der Si-Gehalt muß demnach tief liegen und der Mangangehalt, der an sich widerstandsfähig macht, darf in Graugußstücken für die chemische Erzeugung, besonders von Alkalien, 0,4% nicht überschreiten. Phosphor- und Schwefelgehalt müssen so niedrig wie möglich gehalten werden. Ein Nickelgehalt bis zu 1,5% hat sich gut bewährt. Am besten dürfte bei Pfannen für Säuren und Schalen eine zweckmäßige Emaillierung sein.

Ein hoher Si-Gehalt von 14 bis 20% macht das Eisen sehr säurebeständig, doch wird es mit zunehmendem Si-Gehalt immer mehr spröde und unbearbeitbar.

Feuerbeständigkeit. Feuerbeständiger Grauguß soll möglichst schwefelarm sein, eine besondere Widerstandsfähigkeit bewirkt ein Zusatz von Chrom bis zu 20%, der Guß ist aber spröde und unbearbeitbar.

Härte. Unter Härte versteht man den Widerstand eines Werkstoffes gegen das Eindringen eines bestimmten härteren Körpers. Bei Grauguß rechnet man meist mit der Härte nach Brinell, die als Maßstab den Widerstand gegen das Eindringen einer gehärteten Stahlkugel unter bestimmtem Druck verwendet [1]. Gewöhnlich benutzt man eine Kugel von 10 mm ⌀ und einen Druck von 3000 kg und nimmt als Maß für die Härte den Quotienten aus dem Druck und der in mm^2 ausgedrückten, durch den Eindruck der Kugel entstandenen Kalottenoberfläche. Außer der 10-mm-Kugel ist noch eine von 5 mm ⌀ bei 750 kg Druck und eine von 2,5 mm ⌀ und 187,5 kg Druck im Gebrauch. Eine Prüfung der Härte von Grauguß nach Rockwell ist weniger üblich.

Innerhalb gewisser Grenzen laufen Härte und Zugfestigkeit parallel.

Einfluß des Gefüges. Vor einigen Jahren stellte ein Großabnehmer der deutschen Werkzeugmaschinenindustrie in bezug auf die Brinellhärte Ansprüche an den Guß, die einfach nicht zu erfüllen waren, weil die Vorschrift einer bestimmten Härte sich nur bei einer bestimmten Wandstärke an einem Gußstück erfüllen läßt, wie aus nachstehenden Ausführungen hervorgeht:

Gießen wir aus einem im Gießereischachtofen erschmolzenen gewöhnlichen Graugußeisen einen Keil (Abb. 27) von etwa 1 m Länge, mit einer Dicke von 150 mm beginnend, auslaufend bis zu einer scharfen Kante, so wird man die verschiedensten Gefügeausbildungen, demnach auch Festigkeiten und Härten erhalten. Am dicksten Ende, Abschnitt 1, wird sich ein grobkörniger Bruch zeigen, in dem Ferrit und grobe Graphitadern vorherrschen; ein Probestab aus 1 wird die geringste Festigkeit und Härte ergeben.

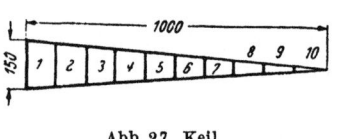

Abb. 27. Keil.

Mit jedem Keilabschnitt wird sich das Gefüge verändern; Festigkeit und Härte werden wachsen. Etwa bei Abschnitt 7/8 wird das Gefüge das günstigste sein: eine perlitische Grundmasse. Nach links werden die ferritischen, nach rechts die zementitischen Ausscheidungen zunehmen, so daß *bei 10 auslaufend das Eisen weiß erstarrt.* Hier wird also das gegossene Eisen ein und derselben Pfanne, das bei 1 weich ist, bei 10 die größte Härte haben, aber nicht die größte Festigkeit, so daß die vorher erwähnte Gesetzmäßigkeit zwischen Härte und Zugfestigkeit nicht mehr besteht.

Man erhält bei dem Versuche verschiedene Ergebnisse, je nachdem man dasselbe Eisen in eine nasse oder trockene Form gießt, und die Härte im besonderen hängt noch davon ab, ob dasselbe Eisen recht heiß oder matt vergossen wird.

Wir sehen also, daß mit ein und demselben flüssigen Eisen weitestgehende Unterschiede im Gefüge bzw. in der Härte entstehen können und daß dies in der Hauptsache auf die Abkühlung zurückzuführen ist.

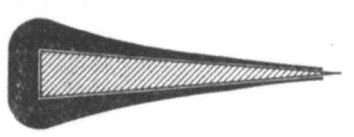

Abb. 28. Keil in Kokille.

Nun kann man sich in einfachen Fällen mit *Abschreckkokillen* helfen; so würde beispielsweise derselbe Keil von 1 m Länge, abgesehen von der Spitze, die auf jeden Fall weiß wird, fraglos ein einheitlicheres Gefüge aufweisen, wenn er in Kokille nach Abb. 28 gegossen würde.

Bei entsprechender Wanddickenverteilung der Kokille würde der Keil auf seiner ganzen Länge annähernd gleichzeitig erstarren, und man könnte für ein solches Gußstück eine bestimmte Brinellhärte verbürgen. In Wirklichkeit liegen die Dinge aber viel verwickelter, und man kommt mit der Verwendung von gewöhnlichem Grauguß selbst bei weitestgehender Anwendung der Gefügebeeinflussung durch Abkühlung nicht immer zum Ziel.

---

[1] Näheres s. Heft 34 der Werkstattbücher: RIEBENSAHM-TRAEGER, Werkstoffprüfung, Metalle.

Eigenschaften und Prüfung.

An nachfolgenden Schliffbildern soll kurz erläutert werden, welchen Widerstand die hauptsächlichsten Gefügebildner einem Eindringen der Brinellkugel entgegenbringen, und welches Gefüge für eine Brinellhärte von etwa 200 das Erstrebenswerteste ist. Es soll dann weiter untersucht werden, welche Möglichkeiten bestehen, um das Ziel zu erreichen bzw. sich ihm zu nähern.

Abb. 29 zeigt ein Schliffbild, das den Gefügezustand im Abschnitt 1 des Keiles darstellt. Die großen Ferritfelder werden von breiten Graphitadern durchzogen. Da Ferrit an sich nur eine Brinellhärte von etwa 100 hat, kann das Gesamtgefüge dem Eindringen der Kugel keinen allzu großen Widerstand entgegensetzen. Die Brinellhärte des Gusses in diesem Abschnitt beträgt etwa 140.

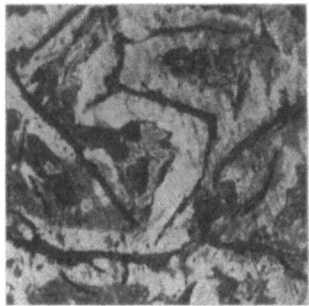 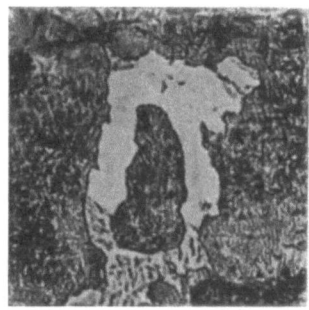

Abb. 29. Schliffbild im Abschnitt 1.   Abb. 30. Schliffbild im Abschnitt 10.

Das Schliffbild Abb. 30 zeigt den Gefügezustand des Abschnittes 10 an der Spitze des Keils. Hier überwiegen die zementitischen Ausscheidungen; sie bieten dem Eindringen der Kugel großen Widerstand. Ledeburit hat an sich eine Brinellhärte von 450, und die Brinellhärte des Gusses ist an dieser Stelle 280 kg/mm². Für den Maschinenbau kommt Gußeisen mit überwiegend zementitischem Gefüge nicht in Frage, da es unbearbeitbar ist.

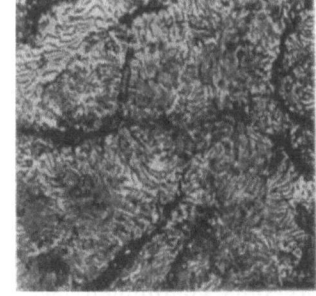

Die günstigste Gefügeausbildung des Keiles bei 7/8 zeigt das Schliffbild Abb. 31. Ferrit und Zementitausscheidungen sind praktisch nicht vorhanden. Die Festigkeit ist hier am größten und die Härte beträgt rund 200, während nach Angaben Brinells ein reines Perlitgefüge 230 Härteeinheiten hat.

Wir haben bei dem Keil gesehen, daß bei einem Guß aus derselben Pfanne die verschiedensten Möglichkeiten in bezug auf Gefügeausbildung bestehen. Nehmen wir also an, daß zur Erzielung der gewünschten Härte die Gattierung für irgendeine Wanddicke des Keiles, z. B. 25 bis 30 mm, richtig gewählt ist, so wird dieselbe Gattierung für

Abb. 31. Schliffbild im Abschnitt 7/8.

Wanddicken von 35 mm und darüber wie für 20 mm und darunter nicht geeignet sein. Wird aber dem Gießer die Aufgabe gestellt, ein Gußstück mit den verschiedensten Wanddicken zu gießen, so muß er seine Gußzusammensetzung so wählen, daß die dünnsten Wandstärken nicht zu hart werden, wenn nicht wegen der Bearbeitung, so doch wegen der Entstehung von Rissen. Dann hat er die Möglichkeit, durch Kokillen die dickeren Wände rascher abzukühlen und so ihre Härte und ihr Gefüge dem der dünneren anzugleichen. Handelt es sich darum, die Gleitflächen eines Bettes oder Schlittens auf diese Weise zu beeinflussen (s. a. Abb. 25 S. 36), so mag das im allgemeinen noch zu erreichen sein; an *allen* Stellen des Gußstückes die gleiche Härte zu erzielen, ist dagegen praktisch unmöglich.

Schon dort, wo an Gleitflächen durch Querrippen größere Stoffanhäufungen unvermeidlich sind, wird die Gleichmäßigkeit der Härte unterbrochen. Man könnte einwenden, daß es durchaus denkbar sei, an diesen Stellen die Kokillen so auszuführen, daß eine gleichmäßige Härte erzielt wird, wie Abb. 32 zeigt. Dann könnte aber der Aufbau einer Form so verwickelt werden und dem Erfolg eine solche Reihe von Versuchen vorauszugehen haben, daß an eine Wirtschaftlichkeit gar nicht mehr zu denken wäre. Das wichtigste jedoch ist, daß eine Brinellhärte um 200 herum, durch Abschreckplatten erzielt, gar nicht mit dem günstigsten Gefüge zusammenzugehen braucht. Es ist schon richtig, wenn die Vorschrift für gewöhnlichen Guß den Höchstwert für die Härte auf 220 festsetzt, weil sie sonst Erschwerung der Bearbeitung befürchtet. Bei Perlitgefüge und feiner Graphitverteilung aber bereiten selbst Härtegrade von 250 und mehr bei der Bearbeitung keine besonderen Schwierigkeiten.

Abb. 32. Anwendung von Abschreckplatten und Kühleisen.

Grauguß mit niedrigerem C-Gehalt. Die ungleichmäßige Gefügebildung bei Grauguß hat dem Gießer immer viel Kopfzerbrechen gemacht. Der Abschreckkokillen bedient er sich nur ungern; es ist auch nicht in allen Fällen einfach, sie anzubringen. Zudem dehnen sich die Kokillen beim Gießen aus und verursachen unter Umständen Sandabbröckelungen, die das Gußstück gefährden.

Am besten läßt sich der Gefüge- und Härteunterschied in den verschiedenen Wanddicken ein und desselben Stückes ausgleichen durch einen niedrigen Kohlenstoffgehalt im Grauguß. Schon bei einem Kohlenstoffgehalt von 3% werden bei sonst geeigneter Zusammensetzung in starkwandigen Stücken nicht die groben Ausscheidungen vorkommen, wie sie bei Grauguß von 3,5% C bekannt sind. Geht man mit dem Kohlenstoffgehalt noch tiefer, auf 2,5% und darunter, so erreicht man in der Tat bei den verschiedensten Wanddicken das gleiche Gefüge und damit dieselben Härten.

Zum Vergleich wurden 3 Gußstücke von 150 mm ⌀ mit einem 8 mm dicken Ansatz gegossen, und zwar das erste aus härterem sogenanntem Zylindereisen. Es hat in der dicken Wandung ein ziemlich dichtes Gefüge, während der Ansatz zum Weißwerden neigt. Die Brinellhärten sind im Mittel: 190 im dicken, 320 im schwachen Teil. Das zweite Stück ist aus weichem Gußeisen; der Rundguß ist grobblätterig, der Ansatz ist dicht. Die Brinellhärten sind: 140 im dicken, 180 im schwachen Teil. Das dritte Stück ist aus kohlenstoffarmem Gußeisen. Rundguß und Ansatz sind annähernd gleich feinkörnig. Die Brinellhärten sind: 200 im dicken, 220 im dünnen Teil. Man könnte annehmen, daß man damit zu einem Ergebnis gekommen ist, das dem Besteller in bezug auf die Brinellhärte vorschwebte. Dabei ist die Bearbeitbarkeit auch noch verhältnismäßig befriedigend bei einer Brinellhärte von 250 und höher. Das ist nur so zu erklären, daß wir es mit einem günstigsten Gefügeaufbau bei feinster Graphitverteilung zu tun haben, während sonst so hohe Härtegrade von gröberer Zementitbildung herrühren, die dann bei der Bearbeitung Schwierigkeiten macht.

Die Aufgabe an sich wäre gelöst, wenn nicht gleichzeitig andere Schwierigkeiten aufträten. Ein niedriggekohltes Eisen bringt bei geeigneter Ofenführung allerdings eine höhere Temperatur aus dem Ofen mit, es ermattet aber auch schneller. Das ist für die Entgasung und für die Ableitung der Gase aus der Form ungünstiger.

Während sich im allgemeinen Gasblasen an den nach oben gegossenen Flächen zeigen, kann man bei niedriggekohltem Eisen erleben, daß Poren unten oder seitlich auftreten, herrührend von Gasen aus der Form, die zwar in das flüssige Eisen eindrangen, aber nicht wieder entweichen konnten. Diese Schwierigkeiten treten nicht immer auf; sie genügen aber, um Ausschußgefahr herbeizuführen.

Man muß daher mit der Verwendung niedriggekohlten Eisens besonders vorsichtig sein. Ein anderer Ausweg wäre es, nickellegiertes Gußeisen zu verwenden, das wanddickenunempfindlicher ist als unlegiertes; jedoch scheitert die Verwendung meistens an den hohen Kosten.

Verschleißfestigkeit. Unter Verschleißfestigkeit versteht man den Widerstand, den die Oberfläche eines Körpers der Abnutzung durch einen anderen, unter Druck gleitenden Körper entgegensetzt. Allgemein kann man sagen, daß Brinellhärte und Verschleißfestigkeit in einem gewissen Verhältnis zueinander stehen, indem sie miteinander wachsen. Doch gilt das nur bedingt; jedenfalls ist einfache Verhältnisgleichheit nicht vorhanden. Auch schon deshalb nicht, weil zwar die Härte eine bestimmte, nur von der Zusammensetzung des Stoffes und dem Gefüge abhängige Größe hat, nicht aber die Verschleißfestigkeit. Diese ist vielmehr auch von der Natur des gleitenden, abnutzenden Körpers abhängig. Es hat sich in der Praxis gezeigt, daß Perlitguß auch die höchste Verschleißfestigkeit hat. Verschleißfester Grauguß mit guter Oberflächenbearbeitbarkeit hat alle Merkmale eines guten *Lagerwerkstoffes* und kann an vielen Stellen als Heimstoff an die Stelle von Kupferlegierungen (Bronze) treten, solange keine Kantenpressung vorkommt. Durch Nickel, Chrom, Molybdän u. a. kann die Verschleißfestigkeit verbessert werden.

Zerspanbarkeit[1]. Die üblichen Gußgußarten lassen sich mit Schneidwerkzeugen, wie Dreh- und Hobelstählen, Bohrern, Reibahlen, Fräsern usw. grundsätzlich gut bearbeiten, weil trotz verhältnismäßig guter Härte die Zähigkeit sehr gering ist und infolgedessen der Span kurz abbricht. Harte Gußgattung, sowie harte Stellen und harte Gußkruste bei weicheren Gußgattungen, erschweren die Bearbeitung um so mehr, je größer die Härte ist. Nimmt man als Maß für die Zerspanbarkeit eine Schnittgeschwindigkeit, bei der die Schneide beim Drehen eine bestimmte Zeitlang (z. B. eine Stunde) steht, bis sie nachgeschliffen werden muß, so findet man eine Gesetzmäßigkeit zwischen zunehmender Härte und abnehmender Zerspanbarkeit. Jedoch ist die Beziehung nicht einfach, nicht verhältnisgleich und außerdem gilt sie nur für den gewöhnlichen Grauguß. Hochwertiger Guß mit besonders günstigem perlitischem Gefüge kann, wie oben schon gesagt, erheblich über 200 Brinell hart und doch gut zerspanbar sein.

Die Graugußspäne haben eine verhältnismäßig große verschleißende Wirkung auf die Schneide, weshalb der Spanwinkel (Brustwinkel) der Schneide klein und daher der Keilwinkel groß genommen werden muß.

Schweiß- und Lötbarkeit. Die *Schweißbarkeit* von Gußeisen ist im allgemeinen gut[2]. Wenn auch in der Hauptsache gebrochene oder beschädigte Gußstücke geschweißt werden, kann es doch vorkommen, daß auch neue Abgüsse Fehler haben, deren Beseitigung durch Schweißen, besonders bei großen Stücken, wirtschaftlich notwendig ist. Es kann um so unbedenklicher geschehen, als eine richtig durchgeführte Schweißung einem fehlerlosen, ungeschweißten Abguß nicht nachsteht.

Man unterscheidet ein Schweißen durch Aufgießen flüssigen Eisens, sowie Gas- und Elektroschweißung. Die zu schweißenden Stücke werden möglichst hoch

---
[1] Näheres s. Heft 61 der Werkstattbücher: KRERELER, Die Zerspanbarkeit der Werkstoffe.
[2] Näheres s. Heft 13 der Werkstattbücher: SCHIMPKE, Die neueren Schweißverfahren.

vorgewärmt, und zwar, wenn ihre Größe es zuläßt, ganz, sonst an der zu schweißenden Stelle mit Holzkohlenfeuer, und nach dem Schweißen wieder langsam abgekühlt. Einfache Gußstücke, bei denen die Gefahr von Schrumpfspannungen gering ist, können von erfahrenen Schweißern auch ohne besondere Vorwärmung mit der Gasflamme oder elektrisch geschweißt werden.

Das *Löten*[1] kommt bei Grauguß seltener vor, höchstens bei Gußstücken, deren Stoff durch Dampf- und Feuergase zerstört wurde. Mit Messinglot läßt sich an solchen Stücken noch eine gute Verbindung erzielen, da das Lot an den Stellen eindringt, an denen die Graphitblättchen herausgewaschen wurden. Die Festigkeit einer solchen Lötverbindung kann 10 bis 15 kg/mm^2 betragen, ein Wert, der von Lötverbindungen an einwandfreiem Baustoff auch nicht übertroffen wird. Durch das Löten braucht die Härte in der Übergangszone nicht zuzunehmen; Lötverbindungen sind also feilenweich. In den letzten Jahren wird vielfach das ,,Gussolit''-Lötverfahren an Stelle des Schweißens zur Ausbesserung schadhafter Gußstücke mit Erfolg angewandt.

Maßhaltigkeit der Gußstücke. Die Maßhaltigkeit und Genauigkeit von Gußstücken ist von verschiedenen Umständen abhängig. Zunächst einmal ist die Art der Modellausführung von größtem Einfluß. Metall- bzw. Eisenmodelle sind wegen der Maßgenauigkeit solchen aus Holz immer vorzuziehen, doch kann aus Gründen der Wirtschaftlichkeit, namentlich bei größeren Abgüssen, auf die Verwendung von Holz nicht verzichtet werden. Auch die Möglichkeit von Änderungen ist bei Holzmodellen bedeutend größer als bei Metall- und Eisenmodellen.

Das Holz als Modellbaustoff ,,arbeitet'' trotz des Lackanstriches ständig beim Einformen in der Eisengießerei unter dem wechselnden Einfluß von Feuchtigkeit und Trockenheit und läßt dadurch am Abguß Maßungenauigkeiten entstehen, die um so größer werden, je öfter die Modelle gebraucht werden und je größer die Zahl der zu den Modellen gehörenden Kernkästen ist. Durch das Losschlagen des Modells vor dem Ausheben aus der fertig gestampften Form, ebenso wie durch das Losklopfen des Kernkastens vor dem Abheben werden die besten und stärksten Holzverbindungen allmählich gelockert. Dadurch verlieren die am Anfang festgefügt scheinenden Modellkörper und die Kernkästen zugleich mit dem Halt auch ihre maßgebliche Genauigkeit.

Wie schnell ein Modell beim Gebrauch in der Gießerei anfängt, ungenau zu werden und wie groß seine Abweichung von der maßgeblichen Genauigkeit wird, das hängt davon ab, wie sorgfältig das Modell von der Tischlerei hergestellt wird und vor allen Dingen davon, ob die betreffende Gießerei genügend Sorgfalt auf die Instandhaltung der Modelle und Kernkästen verwendet.

Jedes Holzmodell und jeder Holzkernkasten wird nach einer bestimmten Benutzungsdauer überholungsbedürftig und je mehr diese Notwendigkeit beachtet wird, um so größer bleibt die Maßgenauigkeit.

Außer den vom Modellbaustoff Holz herrührenden Maßungenauigkeiten entstehen noch andere bei der Anfertigung der Formen in der Gießerei, die sich jedoch zum Teil verhüten lassen.

In erster Linie zählen hierzu die Maßungenauigkeiten, die daher rühren, daß der Former die Kerne vor dem Einlegen in die Form an den Kernmarken kleiner scheuern muß, so daß die Kerne oft ungenau liegen. Zur Beseitigung dieses Übelstandes ist ein Normblatt in Vorbereitung, welches zahlenmäßige Regeln für die Einlegetoleranz der Kerne enthält. Wenn nach diesem Normblatt Kernkästen

---

[1] Näheres s. Heft 28 der Werkstattbücher: BURSTYN, Das Löten.

und Kernmarken ausgeführt werden, ist ein Bescheuern der Kerne durch den Former vor dem Einlegen überflüssig.

In der Teilung der Modelle und Kernkästen kann eine weitere Ursache für das Entstehen von Maßungenauigkeiten bei gegossenen Werkstücken liegen. In einem Aufsatz „Vermeidbare und unvermeidbare Maßungenauigkeiten von Gußstücken" in Werkstattstechnik 1935, S. 293, gibt BROBECK eine Reihe von Beispielen, wie Modelle und Kernkästen zu teilen sind. Hier findet sich auch ein Hinweis, wie lose Teile, Naben, Rippen usw. am Modell angebracht werden müssen, um ein Verstampfen zu vermeiden.

Daß Ungenauigkeiten beim Zusammenpassen von Formkästen (Unter- und Oberkasten) auch ihre Folgen für die Maßhaltigkeit der Gußstücke haben, soll nur nebenbei bemerkt werden.

Bei der Erzeugung großer Gußstücke mit vielen Kernen muß mit größeren Maßungenauigkeiten gerechnet werden. Doch ist es leider meistens unmöglich, bestimmte Grenzen für Abweichungen einzuhalten.

Sieht man von den Veränderungen ab, die die Formen und Kerne durch das Trocknen erleiden und die zu beeinflussen man nicht in der Lage ist, so entstehen weitere Ungenauigkeiten durch das Losschlagen der Modelle und Kernkästen vor dem Ausheben und in noch höherem Maße durch das Ausflicken der Formen, wenn beim Ausheben einzelne Teile der Form zerrissen werden.

Als weitere Ursache für Ungenauigkeiten ist die Tatsache anzusprechen, daß die in die Form einzulegenden Kerne gegen das Eindringen des flüssigen Eisens in die Luftabzugskanäle entsprechend gesichert werden müssen. Diese Sicherung wird durch Bestreichung von Form und Kern mit Tonbrei erreicht, der ebenfalls als Dichtung zwischen Ober- und Unterkasten verwendet wird.

In der Maschinenformerei kann natürlich bei Verwendung von Metallmodellen und -kernkästen viel genauer gearbeitet werden. Bei einfachen Stücken besteht sogar die Möglichkeit, lehrenhafte Abgüsse herzustellen.

C. Warmbehandlung des Fertigerzeugnisses.

Die Eigenschaften des Gußeisens lassen sich durch Warmbehandlung in weiten Grenzen beeinflussen. Sogenanntes Weichglühen des Gragusses, das allerdings sehr selten stattfindet, erfolgt im Bereich zwischen 850 und 900°, gefolgt von sehr langsamer Abkühlung. Warmvergütung von Grauguß erfolgt durch Abschrecken aus Temperaturen etwa 50 bis 75° oberhalb der Austenitumwandlung, d. h. aus Gebieten (je nach dem Si-Gehalt) von 825 bis 925°. Als Abschreckmittel dient im allgemeinen Öl, während Wasserabschreckung nur in seltenen Fällen und bei ganz einfach konstruierten Gußstücken möglich ist. Dem Abschrecken folgt ein Anlassen zur Beseitigung der Härtespannungen im Gebiet zwischen 300 bis 700°. Neuerdings kommt auch die sogenannte Warmbadbehandlung in Frage, d. h. ein Abschrecken in Öl oder Metallbädern bei Temperaturen von 250 bis 400°. Zum Zweck der Spannungsbeseitigung empfiehlt sich ein Glühen des Gußeisens zwischen 500 bis 600°. Sollen Härte und Verschleißfestigkeit durch das Spannungsglühen nicht beeinflußt werden, so empfiehlt es sich, die Glühtemperatur nicht über 500° hinaus zu steigern, obwohl alsdann erst rund 80% der vorhandenen Spannungen beseitigt werden. Die Spannungsbeseitigung beginnt schon bei Temperaturen um 300°. Bei dieser Temperatur können bereits 20—30% der vorhandenen Spannungen beseitigt werden. Wichtig ist, daß nach der Wärmebehandlung auf Spannungsfreiglühen eine entsprechende langsame Abkühlung erfolgt, um erneute Wärmespannungen zu verhüten.

D. Konstruktions- und Anwendungsfragen.

Rücksichten beim Entwurf. Aus dem über die Abwicklung der Form-, Schmelz- und Gießverfahren Gesagten geht hervor, daß die Formgebung auf das gute Gelingen eines Gußstückes erheblichen Einfluß haben kann. Der Konstrukteur muß genügende Kenntnisse der Form- und Gießereitechnik besitzen, um schon beim Entwurf Rücksicht auf die Eigentümlichkeiten der Herstellung des Gußstückes nehmen zu können. Er muß damit vertraut sein, wie das von ihm konstruierte Gußstück zu formen, wie es anzuschneiden und wie die Luft abzuführen ist. Er muß Kenntnisse besitzen von den Abkühlungsvorgängen nach dem Gießen, um Lunker und Spannungen zu verhüten, er muß wissen, wie die Gußstücke zu putzen und besonders, wie die Kerne zu entfernen sind.

Es muß auch an dieser Stelle mangels Raum auf das übrige Schrifttum verwiesen werden, besonders auf das Werkstattbuch Heft 30 ,,Einwandfreier Formguß" von KOTHNY, in dem eine Reihe von Beispielen falscher und richtiger Konstruktion angegeben sind, deren Studium angelegentlichst empfohlen wird. Des weiteren wird auf die sehr gute Arbeit von LEHMANN, ,,Gießerei 1927", Hefte 41, 42, 44 und 45 aufmerksam gemacht.

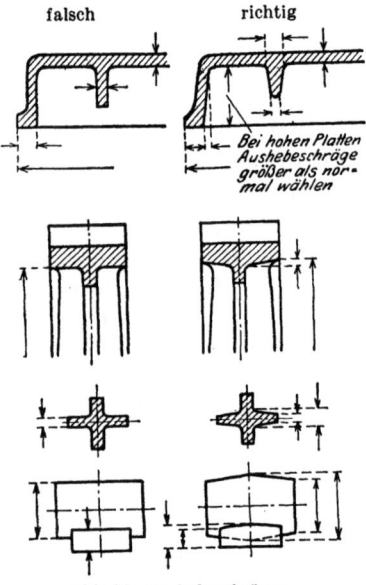

Abb. 33. Aushebeschrägen.

Der Konstrukteur muß immer bestrebt sein, das Formen zu erleichtern. Das tut er, wenn er sich nicht darauf verläßt, daß der Modelltischler den Modellen schon die nötige Verjüngung geben werde, sondern wenn er selbst allen in Frage kommenden Flächen eine reichliche, das Ausheben erleichternde Schräge gibt (Abb. 33).

Wie immer wieder betont, sind ungleiche Wanddicken, besonders Werkstoffanhäufungen, Ursache zu Lunkerungen und Spannungen. Stellen, die der Konstrukteur besonders widerstandsfähig zu gestalten beabsichtigt, soll er aussparen, damit er nicht durch Lunkerungen das Gegenteil erreicht (Abb. 34).

Der Konstrukteur soll sich niemals auf die Formkunst des Gießers allein verlassen, indem er hofft, daß dieser sich schon zu helfen wissen werde. Bei Hohlgußstücken soll er überlegen, wie der Kern am sichersten gehalten wird, möglichst ohne Kernsteifen, und wie die Luft abzuführen ist. Er soll nicht danach trachten, unter allen Umständen mechanische Hilfsbearbeitung zu vermeiden,

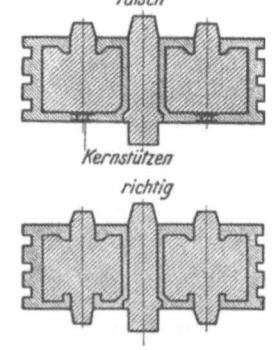

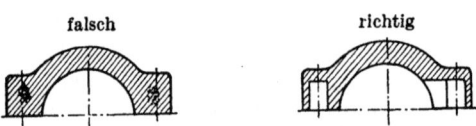

Abb. 34. Aussparungen statt Anstufungen.

Abb. 35. Kernauflagen statt Kernstützen.

sondern im Gegenteil, hiervon reichlich Gebrauch machen. Wenn er den Kernen für Hohlgußstücke einige Auflagen mehr gibt, sorgt er nicht nur für gesichertes

Sitzen des Kernes, auch die Luft ist besser abzuführen und schließlich ist beim Putzen der Kern leichter aus dem Gußstück zu entfernen (Abb. 35.)

Es ist natürlich nicht durchzuführen, daß jeder Konstrukteur erst eine jahrelange Praxis in der Gießerei durchmacht; er muß aber unbedingt mit den hauptsächlichsten Vorgängen bei der Gußherstellung vertraut sein und bei schwierigen Aufgaben den Gießereifachmann zu Rate ziehen. Eine Zeitlang drohte es Mode zu werden, von den Gießern den Abguß verwickeltster Konstruktionen zu verlangen, um Bearbeitung zu sparen. Es kann nur immer wieder geraten werden, die Konstruktion so einfach wie möglich zu halten und lieber ein Gußstück aus zwei oder mehreren Teilen zusammenzusetzen. Nicht darauf kommt es an, eine hohe Formkunst zu entwickeln, an die man auf Kosten der Wirtschaftlichkeit die höchsten Ansprüche stellen kann, sondern auf die zweckmäßigste Erzeugung von Gußwaren mit niedrigsten Gestehungskosten.

Der Verein Deutscher Eisengießereien hat für den Konstrukteur eine Reihe von Konstruktionsregeln ausgearbeitet, die vom Ausschuß für wirtschaftliche Fertigung (AWF) herausgegeben sind. (Beuth-Vertrieb, Krefeld-Uerdingen.)

Vorzüge und neuere Verwendungen des Werkstoffes Gußeisen. Je gründlicher der Konstrukteur mit der Herstellung der verschiedenen Gußarten und ihren Eigenschaften vertraut ist, um so mehr wird er auch dem Werkstoff Grauguß die Stellung einräumen, die ihm gebührt.

Eine hervorstechende Eigenschaft des Graugusses ist seine große Widerstandsfähigkeit gegen Korrosion, namentlich gegen den zerstörenden Einfluß feuchter, atmosphärischer Luft. Grauguß ist daher der bestgeeignete Werkstoff für alle Gegenstände, die beim Gebrauch der Zerstörung durch Rost ausgesetzt sind.

Der Versuch, Gußstücke durch geschweißte Konstruktionen zu ersetzen, hat nicht immer Erfolg gehabt, die Widerstandsfähigkeit solcher Schweißkonstruktionen gegenüber dynamischen Beanspruchungen trotz großer Zerreißfestigkeit der Grundstoffe bleibt erheblich hinter derjenigen von Grauguß zurück, so daß die geschweißten Konstruktionen bei Dauerbeanspruchungen durch eine große Anzahl Lastwechsel unterlegen sind. Auch in bezug auf die Dämpfungsfähigkeit von Schwingungen, die durch wechselseitige Stoßbeanspruchungen hervorgerufen sind, ist Grauguß durchaus überlegen, was namentlich für die Verwendung schwerer Werkzeugmaschinenbetten sowie für umlaufende Maschinenteile eine besondere Bedeutung hat.

Sind große Flächen zu bearbeiten, so ist zu berücksichtigen, daß sich Grauguß leichter bearbeiten läßt als Stahl. Die Werkzeugmaschinenindustrie weiß die Starrheit der gegossenen Maschinenteile gegenüber leichteren, geschweißten Teilen zu schätzen, so daß aus diesem Grunde die Schweißerei im Werkzeugmaschinenbau kaum sehr weiten Eingang finden wird. Manche Werkstücke werden besser gegossen als geschweißt, um Ölkanäle und dergleichen gleich mit eingießen zu können; in anderen Fällen verwendet man lieber Gußstücke, wenn Lager unmittelbar in den Guß eingearbeitet werden sollen, überhaupt immer dann, wenn die Reibung eine Rolle spielt: diese ist für Stahl auf Guß sehr günstig, für Stahl auf Stahl recht ungünstig.

Im Kraftmaschinenbau wird es noch schwieriger sein, dem bewährten Grauguß durch geschweißte Konstruktionen ernstlichen Wettbewerb zu bereiten. Grauguß ist der geeignete Werkstoff für schnellaufende Maschinen, die Schwingungen auszuhalten haben: es dämpft Beanspruchungen, die infolge von Erschütterungen auftreten. Deshalb werden sogar Kurbelwellen und andere schnellaufende Maschinenteile, z. B. *Automobil-Kurbelwellen*, neuerdings gegossen statt geschmiedet.

Über Erfahrungen hierbei in USA. wird berichtet[1]: Infolge Senkung der Beanspruchung der Kurbelwellen für den Kraftwagenbau durch die Verstärkung der Zapfendurchmesser und Wangen zur Erzielung besserer Laufeigenschaften und größerer Steifigkeit erschien die Verwendung gegossener Kurbelwellen möglich. Diese weisen gegenüber geschmiedeten Wellen eine Reihe wirtschaftlicher Vorteile auf, die vor allem bei der Verwendung von hochwertigem Grauguß als Werkstoff gegeben sind. Dieser erscheint auf Grund seiner verhältnismäßig hohen Gestaltfestigkeit (geringe Kerbempfindlichkeit), seiner etwa in Höhe der Biegedauerfestigkeit liegenden Verdrehdauerfestigkeit und seiner hohen Dämpfungsfähigkeit für die Herstellung von Nocken und Kurbelwellen geeignet. Weitere Vorteile des Graugusses sind seine große Formgebungsmöglichkeit — besonders in Verbindung mit der Feststellung, daß die Dauerhaltbarkeit von dünnen Formelementen größer ist als die von dicken —, seine hohe Verschleißfestigkeit und seine guten Laufeigenschaften.

Gegossene Nockenwellen werden in USA. zum Teil durch *Spritzguß* (*Fertigguß*) in metallischen Dauerformen aus hochlegiertem Gußeisen hergestellt. Um zu verhindern, daß die Gußstücke infolge der raschen Abkühlung in den Metallformen über den ganzen Querschnitt weiß erstarren, werden sie bei etwa 1100° aus den Formen herausgenommen und an der Luft weiter abgekühlt. Es werden automatische Gießmaschinen benutzt, in denen das flüssige Metall unter Druck steht. Vier Wellen werden gleichzeitig in einer Form von unten nach oben gegossen. Der Vorteil des Spritzgusses liegt darin, daß die Gußstücke viel genauer aus der Form kommen als beim Sandguß und entsprechend weniger Nacharbeit erfordern. Weiterhin können die Gußstücke nach dem Entnehmen aus der Form ohne zusätzliche Aufwendung von Wärme sofort, wenn verlangt, warm behandelt werden. Als Zusammensetzungen werden angegeben: C-Gehalte von 2,5 bis 3,5%, Si-Gehalte von 1 bis 2,5%, Mn-Gehalte von 0,5 bis 1% und Zusätze von Ni, Cr und Mo in Höhe von 0,2 bis 1%.

Bei einem weiteren *Spritzgußverfahren*[2] soll Grauguß die übliche chemische Zusammensetzung haben, in seinen physikalischen Eigenschaften und in seiner Maßhaltigkeit Sandguß dagegen weit übertreffen. So soll die Festigkeit desselben Ausgangswerkstoffes bei Sandguß etwa 23 kg/mm², bei Spritzguß rund 37 kg/mm² betragen. Lunkerbildung und Gasblasen sollen ausgeschlossen sein. Es wird mit Druck von 1,5 kg/cm² gearbeitet.

Es bleibt abzuwarten, ob sich das Verfahren für den praktischen Betrieb bewährt, wozu in erster Linie die Schaffung von Spritzgußformen aus einem Stoff gehört, der eine dauernde Widerstandsfähigkeit gegen Hitze besitzt. Im vorliegenden Fall sollen die Formen aus einem gußeisernen Körper bestehen, der mit Einsätzen aus kaltgewalztem Stahl versehen ist.

Ein anderes Anwendungsgebiet liegt im *Straßenbau*:

Für diesen Zweck hat SCHMID eine Konstruktion entwickelt, die es ermöglicht, mit einem Bruchteil des früher aufgewendeten Baustoffes eine bituminöse Straßendecke in vollkommener Weise zu bewehren.

Diese „eiserne Straße" teilt die Oberfläche in viele kleine Zellen auf, die zu Rosten von handlicher Größe zusammengefaßt sind. Die geringe Elastizität von Grauguß und die absichtlich erzeugte rauhe Oberfläche verhüten, daß Bewegung in die Straßendecke kommt und daß sich der Füllstoff von dem Eisengerippe loslöst. Die besondere Konstruktion weist den gußeisernen Rosten Aufgaben zu, die sie in sehr hohem Maße erfüllen können. Sie ist darauf eingestellt, daß die beson-

---

[1] CORNELIUS und BOLLENRATH in „Gießerei" Heft 10, 1936.
[2] CHARLES O. HERB in „Werkstattstechnik und Werksleiter" Heft 11, 1936. S. 250.

deren Vorzüge elastischer Straßendecken nicht beeinträchtigt werden, indem die Armierung so knapp bemessen ist, daß sie an der Oberfläche der Straße wenig in Erscheinung tritt, dagegen aber die stärksten Schubkräfte in der Straßendecke aufnehmen und die Bildung von Wellen und Schlaglöchern unmöglich machen kann. Darüber hinaus schützt die Bewehrung die Straßendecke vor Abnutzung, so daß sie fast keiner Instandsetzung bedarf. Die gußeiserne Bewehrung gewährleistet eine dauernde Griffigkeit und damit Verkehrssicherheit der Straßendecke auch bei nassem Wetter und Glatteis.

Wenn es in den letzten Jahren bei Erörterung der Für und Wider den Anschein hatte, als ob sich der Grauguß auf diesem oder jenem Gebiet durch andere Werkstoffe verdrängen lasse, so lag das einmal daran, daß Konstrukteur und Werkstoffbesteller mit den Eigenschaften und Eigenarten dieses Werkstoffes nicht genügend vertraut waren, dann aber besonders am Eisengießer selbst, der eine Zeitlang in der Verbesserung seiner Erzeugnisse nicht Schritt hielt mit der Entwicklung anderer Werkstoffe. In der Neuzeit hat aber hierin ein erheblicher Wandel eingesetzt und es steht zu erwarten, daß sich der Werkstoff Grauguß nicht nur kein weiteres Absatzgebiet entreißen läßt, sondern, wie bereits begonnen, neue hinzu erwirbt.

Die überragende Bedeutung als Werkstoff des Maschinen- und Gerätebaues verdankt der *Grauguß* dem Umstand, daß es — abgesehen von den dem Schwer- und Leichtmetallguß aus stofflichen Gründen vorbehaltenen Verwendungsbereichen — kaum eine Aufgabe der beiden vorgenannten Gebiete gibt, die nicht vorteilhaft mit *Grauguß als Werkstoff* gelöst werden könnte, und daß sogar die Anzahl derjenigen Planungen überwiegt, welche technisch und wirtschaftlich nur mit Grauguß als Werkstoff zu lösen sind.

Einteilung der bisher erschienenen Hefte nach Fachgebieten (Fortsetzung)

II. Spangebende Formung (Fortsetzung)

Heft

Außenräumen. Von A. Schatz	80
Das Schleifen und Polieren der Metalle. 4. Aufl. Von O. Werkmeister	5
Spitzenloses Schleifen. Von W. Hofmann	97
Werkzeugschleifen. Von A. Rottler	94
Feilen. Von B. Buxbaum	46
Das Sägen der Metalle. Von H. Hollaender	40
Die Fräser. 4. Aufl. Von E. Brödner	22
Das Fräsen. 2. Aufl. Von Dipl.-Ing. H. H. Klein	88
Die wirtschaftliche Verwendung von Einspindelautomaten. 2. Aufl. Von H. H. Finkelnburg	81
Die wirtschaftliche Verwendung von Mehrspindelautomaten. 2. Aufl. Von H. H. Finkelburg	71
Werkzeugeinrichtungen auf Einspindelautomaten. Von F. Petzoldt	83
Werkzeugeinrichtungen auf Mehrspindelautomaten. Von F. Petzoldt. (Im Druck)	95
Maschinen und Werkzeuge für die spangebende Holzbearbeitung. 2. Aufl. Von H. Wichmann (Im Druck)	78

III. Spanlose Formung

Freiformschmiede I (Grundlagen, Werkstoff der Schmiede, Technologie des Schmiedens). 3. Aufl. Von F. W. Duesing und A. Stodt	11
Freiformschmiede II. Konstruktion und Ausführung von Schmiedestücken (Schmiedebeispiele). 3. Aufl. Von A. Stodt	12
Freiformschmiede III (Einrichtung und Werkzeuge der Schmiede). Von A. Stodt	56
Gesenkschmieden von Stahl I (Gestaltung von Schmiedestücken und Schmiedewerkzeugen). 3. Aufl. Von H. Kaessberg	31
Gesenkschmieden von Stahl II (Herstellung und Behandlung der Werkzeuge). 2. Aufl. Von H. Kaessberg (Im Druck)	58
Das Pressen der Metalle. Von A. Peter	41
Die Herstellung roher Schrauben I (Anstauchen der Köpfe). Von J. Berger	39
Stanztechnik I (Schnittechnik). 2. Aufl. Von E. Krabbe	44
Stanztechnik II (Die Bauteile des Schnittes). 2. Aufl. Von E. Krabbe	57
Stanztechnik III (Grundsätze für den Aufbau von Schnittwerkzeugen). Von E. Krabbe	59
Stanztechnik IV (Formstanzen). 2. Aufl. Von W. Sellin	60
Die Ziehtechnik in der Blechbearbeitung. 3. Aufl. Von W. Sellin	25
Hydraulische Preßanlagen für die Kunstharzverarbeitung. 2. Aufl. Von H. Lindner (Im Druck)	82

IV. Schweißen, Löten, Gießerei

Die neueren Schweißverfahren. 7. Aufl. Von P. Schimpke	13
Das Lichtbogenschweißen. 4. Aufl. Von E. Klosse	43
Praktische Regeln für den Elektroschweißer. 3. Aufl. Von R. Hesse	74
Widerstandsschweißen. 2. Aufl. Von W. Fahrenbach	73
Das Schweißen der Leichtmetalle. 2. Aufl. Von Th. Ricken	85
Das Löten. 3. Aufl. Von W. Burstyn	28
Fachkunde für den Modellbau. 2. Aufl. Von E. Kadlec (Im Druck)	72
Der Holzmodellbau I (Allgemeines einfachere Modelle) 3.Aufl. Von R. Löwer (Im Druck)	14
Der Holzmodellbau II (Beispiele von Modellen und Schablonen zum Formen). 3. Aufl. Von R. Löwer (Im Druck)	17
Modell- und Modellplattenherstellung für die Maschinenformerei. Von Fr. und Fe. Brobeck	37
Der Gießerei-Schachtofen im Aufbau und Betrieb. 4. Aufl. von „Kupolofen-Betrieb". Von Joh. Mehrtens (Im Druck)	10
Handformerei. 2. Aufl. Von F. Naumann (Im Druck)	70
Maschinenformerei. Von U. Lohse†. 2. Aufl. von H. Allendorf	66
Formsandaufbereitung und Gußputzerei. Von U. Lohse	68

(Fortsetzung 4. Umschlagseite)

MIX
Papier aus verantwortungsvollen Quellen
Paper from responsible sources
FSC® C105338

If you have any concerns about our products,
you can contact us on
ProductSafety@springernature.com

In case Publisher is established outside the EU,
the EU authorized representative is:
**Springer Nature Customer Service Center GmbH
Europaplatz 3, 69115 Heidelberg, Germany**

Printed by Libri Plureos GmbH
in Hamburg, Germany